甜點文化家的烘焙筆記

原亞樹子

瑞昇文化

前言

第一次接觸到多層次夾心蛋糕這個詞，是從我小時候愛看的書《紅髮安妮》中讀到的。書中主角不小心把止痛藥當成香草加入了紅寶石果凍中並做成多層次夾心蛋糕，讓我對於實際上蛋糕到底有多麼美味充滿想像。後來我才知道美國在特別的日子裡會準備多層次夾心蛋糕或平板蛋糕。

平板蛋糕經常會烤成一個大的長方形，出席人數增減都很方便切，因此在無法準確知道人數的生日派對中是經典必備。本書中的平板蛋糕，與美國的派對場景中看得到的用三原色（紅、黃、藍色）糖霜裝飾的蛋糕不同，而是發揮了原材料本身風味的簡樸蛋糕。以黃色、白色、可可等 3 種原味蛋糕為基底，快速抹上檸檬蛋黃醬、奶油乳酪糖霜、打發鮮奶油等製作而成。每款蛋糕都讓人愉快沉浸在每天的放鬆時段中，並且不須費力製作。使用以 15cm 長的烤模烤成的薄蛋糕，就算人數少也能輕鬆吃完。

多層次夾心蛋糕如同其名 layer= 分層堆疊的蛋糕。雖然用了和平板蛋糕一樣的糖霜，只需將蛋糕分層堆疊，就能一下子變得很特別。美國有使用甜菜根或食用紅色素將麵糊染色做成紅絲絨蛋糕，或是加入紅蘿蔔做成紅蘿蔔蛋糕等色彩繽紛的多層次夾心蛋糕，但在本書中以黃色、白色、可可等 3 種原味蛋糕為基底，再用糖霜展現變化。

糖霜只要隨便塗抹就好，蛋糕側面抹或不抹都可以。因為可以放鬆地製作，所以作為家庭點心廣受喜愛。為了讓讀者們能輕鬆享用，成品的尺寸為 15×7.5cm 以及小尺寸。希望讀者們可以多加運用。

原 亞樹子

contents

3 種基礎蛋糕

享用剛出爐的蛋糕

*計量單位為 1 大匙 =15mℓ，1 小匙 =5mℓ。
*烤箱溫度、烘烤時間僅供參考。依機種不同而有所差異，請觀察狀況進行調整。
*本書使用輸出功率 500W 的微波爐。如果使用 600W 的微波爐時，請將加熱時間乘以 0.8 倍。依機種不同而有所差異，請觀察狀況進行調整。

本書中製作的

平板蛋糕與多層次夾心蛋糕

原味蛋糕

Plain Cake

●作為平板蛋糕與多層次夾心蛋糕基底的蛋糕。就算在上面簡單地灑糖粉或加鮮奶油一起直接吃就很好吃。

●介於磅蛋糕和海綿蛋糕之間的蛋糕。油脂含量比磅蛋糕少約 2.5 成，含水量高且濕潤。成品較不會膨脹而紮實。因為蛋糕體不太過膨脹，所以適合用來做多層次夾心蛋糕。

●原味蛋糕的種類有 3 種。使用全蛋的黃色蛋黃蛋糕、用蛋白製作的蛋白蛋糕、使用了可可粉的可可蛋糕。

●用 15×15× 高度 4.5cm 的方形烤模烘烤完成。蛋黃蛋糕和蛋白蛋糕的成品高度大約是 3cm，可可蛋糕則大約 4cm。用方形烤模烘烤就能延伸做成多層次夾心蛋糕。

平板蛋糕

Sheet Cake

●在原味蛋糕上放糖霜、打發鮮奶油或水果等做成的蛋糕。原味蛋糕的成品高度是 3 ～ 4cm，所以即使加上裝飾也才 5 ～ 6cm。但卻看起來很華麗、充滿魅力。

●在原味蛋糕的麵糊中加入檸檬皮、香草或香料，或是加入巧克力豆……有無限多的變化。

像這樣切開

平板蛋糕

想切成 6 等份時，首先先切成一半，再用刀斜切成梯形。想切成 8 等份時，首先先切十字後再各分成 4 等份，用刀斜切成梯形。不把蛋糕切成四角形，更加吸睛。

多層次夾心蛋糕

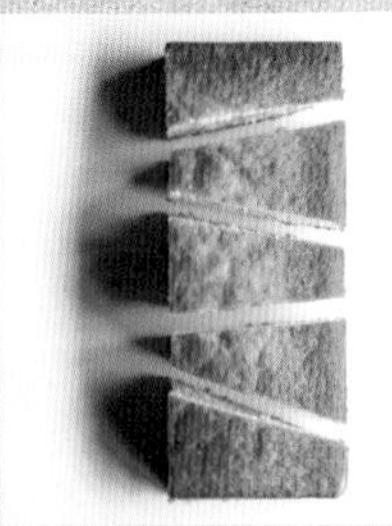

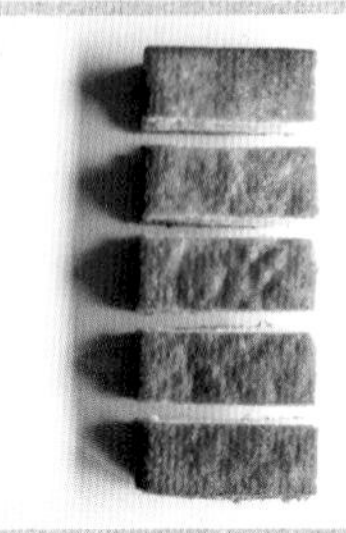

像上方的照片一樣，用廚刀斜切成梯形。但不要切出像三角形一般的尖角，比較不會讓蛋糕變形。也可以依個人喜好切成像下方照片一樣。盛盤時，要讓蛋糕倒下並可以看到切口。

多層次夾心蛋糕

Layer Cake

2 層

4 層

●將原味蛋糕切成一半，把其中一片往上疊放做好就是多層次夾心蛋糕。因為會切成一半，所以蛋糕的大小是 15×7.5cm。高度則依內餡或裝飾不同而各有差異。

●藉由改變原味蛋糕的種類、夾在中間的內餡、放在上面的奶油霜的組合，可以享受各種美味蛋糕。

●將多層次夾心蛋糕的厚度切成一半變成 4 片。重疊這些蛋糕片就能做出 4 層的多層次夾心蛋糕。

●一般而言，用於多層次夾心蛋糕的蛋糕很少會像日本這樣，用一個蛋糕烤模烤出有一定厚度的蛋糕後再橫切成片，而是會使用數個蛋糕烤模烤出蛋糕薄片後，再將蛋糕片疊起來。

為了讓蛋糕片重疊後仍維持穩定，並且使高度一致，如果表面膨成圓頂狀就要削掉。照片是蛋糕分片器。這是一種將平板蛋糕或多層次夾心蛋糕切片時使用的方便工具。有很多不同的種類，可以在烘焙材料行等地購入。用廚刀削成薄片也OK。

需要事先了解的小知識

烤模的事前準備

要烤含水量多的麵糊時，在整個烤模中鋪上烘焙紙，就可以連同整張紙將蛋糕提起來。我使用玻璃纖維紙（又名不沾布），是可以重複使用好幾次的烘焙紙。當然用普通的烘焙紙也 OK。事前準備的步驟相同。

1

倒放烤模後將烘焙紙攤開放上去，包住烤模左右兩側時，要比烤模多留一些烘焙紙。

2

依照步驟 **1** 測量好的尺寸，用剪刀剪掉多餘的烘焙紙並剪成正方形。

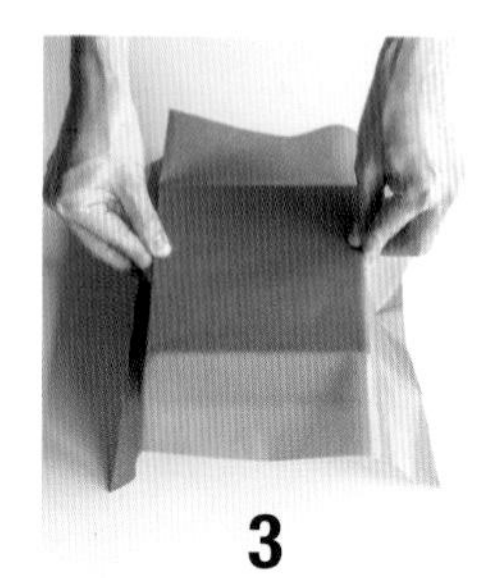

3

倒放烤模後將烘焙紙攤開放上去，沿著底部輕輕折出記號。

4

用剪刀在側面部分的直向、橫向兩處的折痕各剪下切口。這麼做會讓 4 個側面變成相同大小。

5

重疊烘焙紙立起的部分，鋪進烤模中。這時把較短的一邊當作外側放入烤模中。

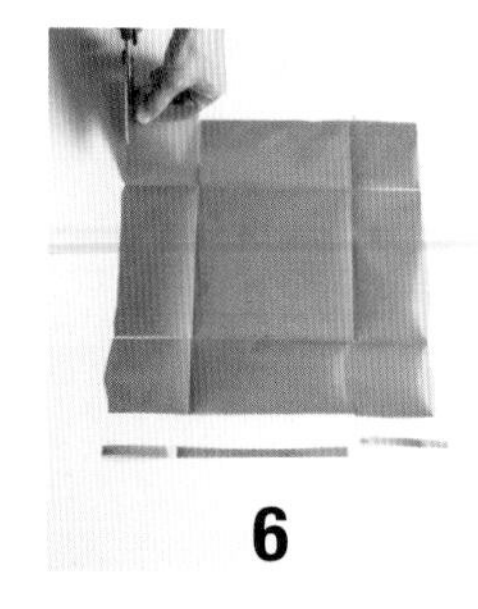

6

拉起烘焙紙一端，以略高於烤模的高度，用剪刀將烘焙紙周圍剪開。

有時候也會用耐熱容器烤

加入了含水量多的內餡的蛋糕、在烤模中浸泡含水量多的鮮奶油做成的蛋糕，都不適合使用活動式烤模，因此會使用到耐熱容器。用耐熱容器烤好之後，可以直接放上餐桌，只要在餐桌旁附上大湯匙，每個人就可以自由取用自己想吃的量。

在本書中使用烤模底部 17×17cm 的耐熱容器、烤模底部 11.5×20× 高度 5.5cm 的耐熱容器。使用於特蕾斯蛋糕 (p.48)、椰奶蛋糕 (p.50)、藍莓香蕉烤布樂 (p.60)。使用與烤模底部的內側面積是 15×15× 高度 4.5cm 的方形烤模同等容量的法國烤鍋（Casserole）或焗烤容器也 OK。

用磅秤測量

製作蛋糕時，首先最重要的是測量。為了可以測量得更加精準，使用可以標示到 1mg 單位的磅秤。放上調理盆之後回歸至 0g，再繼續加入材料就可以。因此本書中的牛奶、鮮奶油等液體、油也都用 g 來標示。

小鍋和迷你打蛋器很方便

本書中使用了 15cm 的方形烤模製作蛋糕，是供 4 ～ 6 人食用的尺寸。也不需要大量製作糖霜或內餡，所以不必用到大鍋子或打蛋器，用小鍋和迷你打蛋器就足夠。

打發鮮奶油

打發鮮奶油時，使用擦乾了水氣和油脂的調理盆是基本常識。要是混入了水氣或油脂，鮮奶油就會分離、變得很難打發。少量打發時，將調理盆的底部泡冰水 (或者放了保冷劑的水)，再用手持式攪拌機進行打發就會很容易打發。
本書中的食譜會出現「6 分發」和「8 分發」等烘焙名詞。6 分發 (左側照片) 指鮮奶油立起了小彎角，但提起攪拌器就會軟化塌陷的狀態。而 8 分發 (右側照片) 的參考基準則是留下直挺挺的彎角的狀態。

6 分發

8 分發

原味蛋糕和剩下的蛋糕都可以冷凍

把烤好的原味蛋糕包上保鮮膜後，放入冷凍用保鮮袋中冷凍。不論是 15cm 的整塊方形蛋糕或是切好後的蛋糕都一樣 (左側照片)。剩下的平板蛋糕也要每片分別包上保鮮膜後，放入冷凍用保鮮袋中再放進冷凍庫。無論哪種都可以保存 1 個月左右。要吃的時候移到冷藏室自然解凍，接著淋上稀糖霜或抹鮮奶油。也可以再製成點心(參照 p.68)。

常用糖霜

奶油乳酪糖霜

比打發鮮奶油更硬的奶油乳酪糖霜，是最常用於多層次夾心蛋糕中的糖霜。
將奶油乳酪和奶油分別充分拌軟後再混合，因為放入冰箱中就會變硬，所以做完後要馬上使用。本書中也會介紹使用鮮奶油或優格取代奶油製作的奶油乳酪糖霜蛋糕。

材料／15×15cm 的平板蛋糕或是 15×7.5cm 的多層次夾心蛋糕 1 個

奶油乳酪（回復至室溫） 100g
奶油（不含鹽。回復至室溫） 40g
糖粉 40g

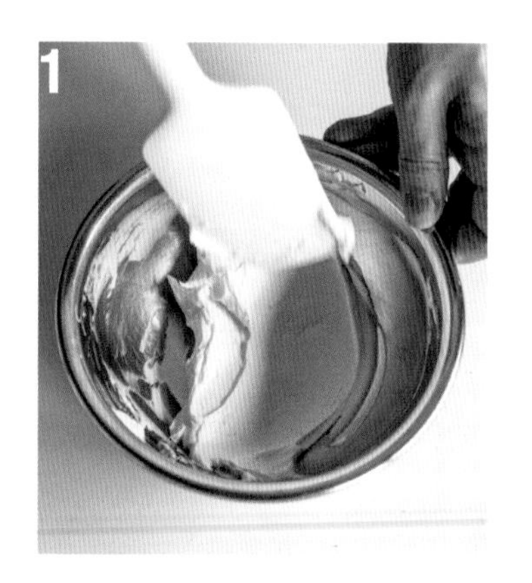

將奶油乳酪加入調理盆，用矽膠刮刀拌至柔軟、滑順。

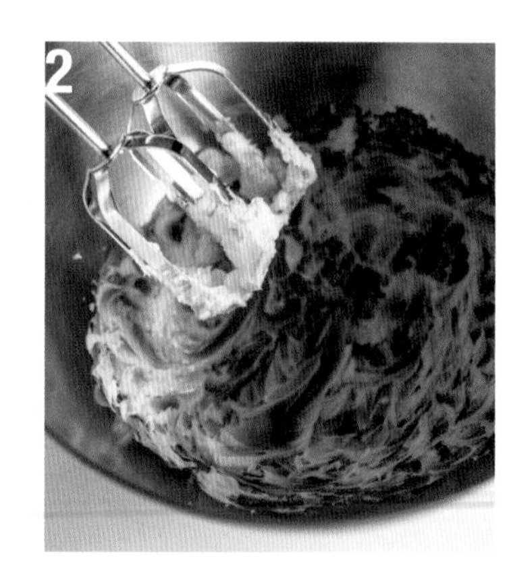

在另一個調理盆中加入奶油，用手持式攪拌機打到滑順為止。

在步驟 **2** 的調理盆中分 2 次加入奶油乳酪，每次都要用手持式攪拌機打到滑順為止。

將糖粉放入篩網中過篩並加入盆中。

用矽膠刮刀大力攪拌弄濕糖粉以防灑出。

再次用手持式攪拌機攪拌，變得沒有粉塊且柔軟滑順即完成。要小心攪拌過度的話會導致分離。

常用糖霜

檸檬蛋黃醬

雖然檸檬蛋黃醬容易讓人覺得很難，但只要熟悉後就能簡單做出來。
塗抹在平板蛋糕上，或是夾起來做成多層次夾心蛋糕……
有各式各樣的吃法。也可以多做一點，抹在司康或吐司上、和打發鮮奶油混合、或是和冰淇淋一起吃。
本書中除了檸檬以外，
也會介紹使用了莓果和鳳梨蛋黃醬做成的蛋糕。

材料／容易製作的份量

檸檬（日本國產）的皮刨成絲 1 顆份量
雞蛋（M 尺寸）　1 顆
粗砂糖　40g
檸檬汁　40g
鹽　少許
香草精　數滴
奶油（不含鹽。
　切成 1cm 丁狀後回復至室溫）　40g

將檸檬皮的黃色部分刨成絲。在調理盤上做這個步驟。

在小鍋中加入雞蛋並打散，加入粗砂糖攪拌至變白為止，再加入檸檬汁、鹽、香草精後攪拌在一起。

加入奶油並隔熱水加熱，將奶油融化。要是讓小鍋的底部直接碰到熱水的鍋底會讓溫度過度升高，所以加上蒸架比較好。

讓熱水保持稍微沸騰的狀態，一邊用迷你打蛋器不斷攪拌，大約 5 分鐘後，達到像卡士達奶油霜的濃稠度。

馬上用篩網過篩倒入步驟 **1** 的調理盤中攪拌。

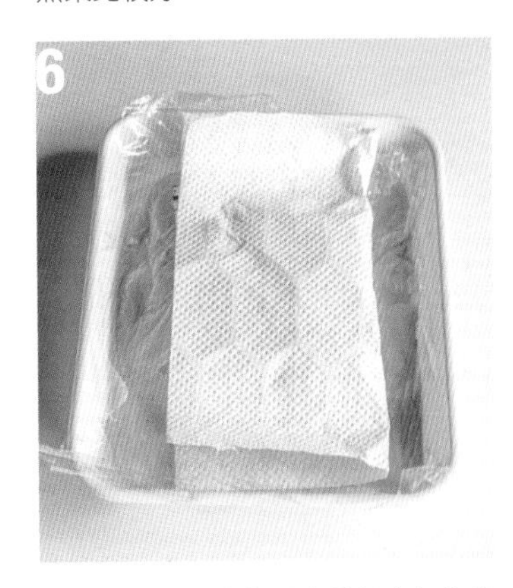

緊貼保鮮膜，放上用廚房紙巾包住的保冷劑急速冷卻。不馬上用話要放在冰箱中保存。

常用糖霜

巧克力奶油霜

不管是 3 種原味蛋糕中的哪一種，
只要有這款巧克力打發鮮奶油，
就能做出美味的平板蛋糕和多層次夾心蛋糕。
即使打發到變硬也會很快變形，所以不適合擠壓使用，
用蛋糕抹刀或矽膠刮刀隨意抹開塗好最佳。
炎熱時期奶油霜容易變形，所以請適時冷卻再製作。

材料／15×15cm 的平板蛋糕或是
15×7.5cm 的多層次夾心蛋糕 1 個

鮮奶油（乳脂肪含量 35 ～ 36%）　120g
巧克力*（可可脂含量 50 ～ 60%）　35g

＊如果用板狀巧克力的話可以直接使用，巧克力磚則要切碎。

在調理盆中加入⅓份量的鮮奶油與巧克力，隔熱水加熱。

巧克力開始融化後，用矽膠刮刀在中心處輕輕地攪拌。

完全融化且變得滑順之後，將調理盆的底部泡冰水，邊攪拌邊散熱。

少量分次加入剩下的鮮奶油，攪拌均勻。

繼續將調理盆的底部泡冰水，用手持式攪拌機打到 8 分發。製作好後要盡快使用。

常用糖霜

卡士達奶油霜

掌握好這款奶油霜的作法，就能擴展點心製作的範圍。
雖然卡士達奶油霜也經常用於派或布丁中，但在多層次夾心蛋糕的類別裡，是波士頓的傳統蛋糕—也就是波士頓奶油派 (p.88) 的關鍵奶油霜。只做要使用的份量後趁早冷卻、放入冰箱後，當天享用最佳。將一半的低筋麵粉替換成玉米澱粉的話，成品會變得更加黏稠。

材料／ 15×15cm 的平板蛋糕或是 15×7.5cm 的多層次夾心蛋糕 1 個

蛋黃　1 顆份
粗砂糖　20g
低筋麵粉　10g
香草精　數滴
牛奶　100g

在調理盆中加入蛋黃後用迷你打蛋器充分攪拌，再加入粗砂糖 10g 後充分攪拌到變白為止。

將低筋麵粉放入篩網中過篩並加入盆中，加入香草精後攪拌。

在小鍋中加入牛奶、粗砂糖 10g 後開中火，在快要沸騰前關火，再少量分次加到步驟 **2** 中攪拌。

用篩網或濾網過濾並重新倒入小鍋中。

開中火並不斷攪拌，開始變濃稠就要先離火一次，並迅速將所有奶油霜攪拌至滑順，再次開火。開始冒泡就關火。

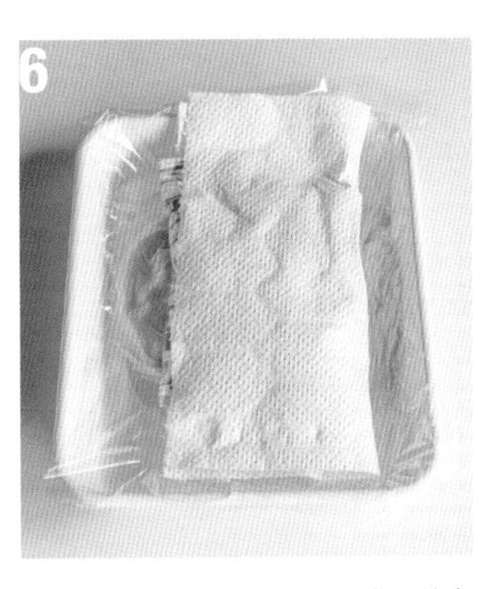

在調理盤上鋪平並緊貼保鮮膜，放上用廚房紙巾包住的保冷劑急速冷卻。奶油霜容易腐壞，所以要盡快降溫。

基礎原味蛋糕 1

蛋黃蛋糕

Yellow Cake

最標準的原味蛋糕，因為呈蛋黃色所以叫做蛋黃蛋糕。
不像海綿蛋糕那麼鬆軟，也不像奶油蛋糕那麼厚重，
因為含有大量水分，所以出爐成品濕潤又紮實。
麵糊中使用了優格，所以加入一小撮小蘇打粉來中和酸味，
讓麵糊變得蓬鬆又輕飄飄。

材料／15cm 大的方形烤模 1 個

低筋麵粉　80g
泡打粉　½小匙
小蘇打粉　1 撮（⅒小匙）
鹽　1 撮
奶油（不含鹽）　60g
粗砂糖　70g
雞蛋（M 尺寸）　1 顆
香草精　少許
原味優格　50g

準備

- 將低筋麵粉、泡打粉、小蘇打粉、鹽充分混合在一起。
- 將奶油切成 1cm 丁狀後回復至室溫。
- 將雞蛋回復至室溫後打散。
- 將優格回復至室溫。
- 在烤模中鋪烘焙紙（參照 p.8）。
- 將烤箱預熱至 180℃。

1

在調理盆中加入奶油，用手持式攪拌機打至變白為止。

2

少量分次加入粗砂糖，打發至變白且蓬鬆為止。

3

分 3 ～ 4 次加入打散的蛋液，每次都要攪拌成打發鮮奶油的狀態為止。加入香草精。

蛋黃蛋糕
Yellow Cake

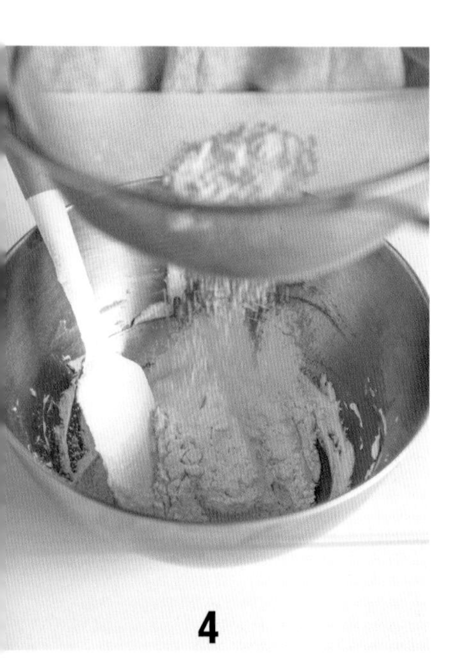

將混合好的一半粉類過篩並加入盆中，用矽膠刮刀翻拌。

看不到麵粉之後，少量分次加入優格混合在一起。

過篩並加入剩餘的粉類後翻拌。看不到麵粉就可以。就算不均勻也沒關係，不要過度攪拌。

7

放入烤模中鋪平，從 30cm 左右的高度往下摔到桌面上 5 ～ 6 次以震出空氣。

8

放上烤盤，用 180℃ 的烤箱烤約 25 分鐘。插入竹籤沒有沾黏生的麵糊即可出爐。

9

在抹布上摔一下烤模，以防止蛋糕回縮。將蛋糕連同烘焙紙從烤模中取出，放在網架上置涼。因為蛋糕很軟，所以小心不要讓蛋糕變形。

蛋白蛋糕

White Cake

因為是使用蛋白製作的純白麵糊，所以叫做蛋白蛋糕。
沒有磅蛋糕那麼厚重，也沒有海綿蛋糕那麼輕盈，
含水量多所以很濕潤，烤出來的成品有點紮實。
為了方便用於多層次夾心蛋糕，所以盡量烤成不太膨脹且濕潤的口感。

材料／15cm 大的方形烤模 1 個

低筋麵粉　85g
泡打粉　3/4小匙
鹽　1 撮
奶油（不含鹽）　65g
粗砂糖　70g
蛋白（L 尺寸）　1 顆（40g）
香草精　少許
牛奶　45g

準備

・將低筋麵粉、泡打粉、鹽充分混合在一起。
・將奶油切成 1cm 丁狀後回復至室溫。
・將蛋白回復至室溫後打散。
・將牛奶回復至室溫。
・在烤模中鋪烘焙紙 (參照 p.8)。
・將烤箱預熱至 180℃ 。

1

在調理盆中加入奶油，用手持式攪拌機打至變白為止，分 3 次加入粗砂糖，打發到變白且蓬鬆為止。

2

分 3 次加入蛋白，每次都要攪拌成打發鮮奶油的狀態為止。也要加入香草精。

3

將混合好的一半粉類過篩並加入盆中，用矽膠刮刀翻拌。

蛋白蛋糕
White Cake

4

看不到麵粉之後，少量分次倒入牛奶攪拌在一起。

5

過篩並加入剩餘的粉類後翻拌。不均勻也沒關係，不要過度攪拌。

6

麵糊完成。因為沒有加蛋黃，所以比蛋黃蛋糕更白一些。

7

放入烤模中鋪平，從 30cm 左右的高度往下摔到桌面上 5～6 次以震出空氣。

8

放上烤盤，用 180℃ 的烤箱烤約 25 分鐘。插入竹籤沒有沾黏生的麵糊即可出爐。

9

在抹布上摔一下烤模，以防止蛋糕回縮。將蛋糕連同烘焙紙從烤模中取出，放在網架上置涼。因為蛋糕很軟，所以小心不要讓蛋糕變形。

基礎原味蛋糕 3

可可蛋糕

Chocolate Cake

一款可可風味的蛋糕，因為是巧克力色所以也可以叫做巧克力蛋糕。
重點在於用熱水將可可粉溶解後再加入麵糊中。
溶解後變得更容易拌進麵糊中，也會大幅提升香氣。
另外，要仔細攪拌小蘇打粉。
沒有攪拌好的話會產生苦味，或者過度膨脹容易形成空洞。

材料／15cm 大的方形烤模 1 個

低筋麵粉　70g
小蘇打粉　¼ 小匙
鹽　1 撮
奶油（不含鹽）　45g
植物油（太白胡麻油等香味較淡的油類）　10g
粗砂糖　70g
雞蛋（M 尺寸）　1 顆
香草精　少許
可可粉（無糖）　15g
熱水　45g

準備

- 將低筋麵粉、小蘇打粉、鹽充分混合在一起。
- 將奶油切成 1cm 丁狀後回復至室温。
- 將雞蛋回復至室温後打散。
- 在烤模中鋪烘焙紙（參照 p.8）。
- 將烤箱預熱至 170℃。

1

將可可粉過篩並加入小的調理盆中，輕輕倒入食譜份量的熱水，用迷你打蛋器攪拌到變得滑順為止。之後放在室温下降温。

2

在另一個調理盆中加入奶油，並用手持式攪拌機打至變白為止，再倒入植物油攪拌至滑順為止。

3

少量分次加入粗砂糖，打發至變白且蓬鬆為止。

可可蛋糕
Chocolate Cake

4

分成 3 ～ 4 次倒入打散的蛋液，每次都要攪拌成打發鮮奶油的狀態為止，加入香草精。

5

將混合好的一半粉類過篩並加入盆中，用矽膠刮刀翻拌。

6

看不到麵粉之後，少量分次加入步驟 **1** 後攪拌在一起。

7

過篩並加入剩餘的粉類後翻拌。看不到麵粉就可以。就算不均勻也沒關係，不要過度攪拌。

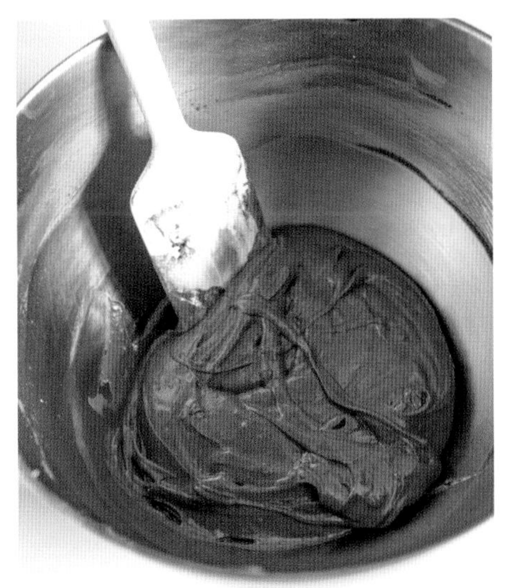

8

可可麵糊完成。放入烤模中鋪平，從 30cm 左右的高度往下摔到桌面上 5 ～ 6 次以震出空氣。

9

放上烤盤，用 170℃ 的烤箱烤約 25 分鐘。插入竹籤沒有沾黏生的麵糊即可出爐。在抹布上摔一下烤模，將蛋糕連同烘焙紙從烤模中取出，放在網架上置涼。

享用剛出爐的蛋糕

烤好蛋糕之後，請先試著品嘗蛋糕本身的美味。
雖然平板蛋糕和多層次夾心蛋糕都要冷卻之後再使用，
不過直接享用蛋糕本身的話，也可以趁溫熱時吃。
附上水果或冰淇淋，或是只放上打發鮮奶油一起吃就足夠！
這是手作蛋糕獨有的樂趣。

蛋黃蛋糕附水果與馬斯卡彭起司

Yellow Cake with Fruit and Mascarpone

在剛出爐的蛋黃蛋糕旁，
搭配上當季水果和口感滑順又溫和的馬斯卡彭起司。
本書中放的是油桃與藍莓，不過可以隨意放上自己喜歡的水果。
也可以用楓糖漿取代蜂蜜。

材料／2 人份

蛋黃蛋糕（參照 p.14）　¼ 個
油桃、藍莓　皆適量
馬斯卡彭起司　滿滿 2 大匙
蜂蜜　適量
百里香（有的話）　少許

1　將蛋黃蛋糕切成三角形。
2　清洗油桃後連皮切成半圓形薄片。
　　清洗藍莓並擦乾水氣。
3　將蛋黃蛋糕和馬斯卡彭起司盛盤，
　　放上油桃和藍莓。
　　淋上蜂蜜，用百里香裝飾。

這裡將蛋黃蛋糕切成三角形使用，
但用自己喜歡的切法也 OK。
用可可蛋糕做也很好吃。

香蕉布丁蛋糕

Banana Pudding Cake

將小餅乾、香草布丁和香蕉分層堆疊，
這是受到美國南部的甜點「香蕉布丁」啟發所創造的吃法。
這次在香草冰淇淋上插入迷你尺寸的 OREO 餅乾當作點綴。

材料／3 人份

蛋黃蛋糕（參照 p.14）　½ 個
香蕉　1 根
香草冰淇淋　適量
OREO 餅乾（迷你尺寸）　3 片
喜歡的香草（有的話）　少許

1　將蛋黃蛋糕切成四方形。
2　將香蕉斜切成 1cm 厚的厚片。
3　將蛋黃蛋糕盛盤並放上香蕉，
用冰淇淋勺挖取冰淇淋放上，
在冰淇淋上插入餅乾。加上香草點綴。

蛋白蛋糕附隔夜・水果乾優格

White Cake with Yogurt and Dried Fruit

將水果乾與堅果混合在優格裡面後在冰箱中放置一晚（＝隔夜），
水果吸收優格的水分後會重新變軟，而優格則去除多餘的水分變得更加濃厚。
不只營養均衡，也很適合當早餐。

材料／2人份

蛋白蛋糕（參照 p.18）　¼ 個
原味優格　100g
水果乾
　（葡萄乾、蔓越莓乾、
　杏子乾等）　30g
堅果
　（核桃、杏仁、南瓜籽、
　椰子絲等）　適量

1　在調理盆中加入優格、水果乾、
　堅果並混合在一起，蓋上保鮮膜後冰在冰箱中一晚。
2　將蛋白蛋糕切成三角形。
3　將蛋白蛋糕盛盤，加上步驟 1。
　再依個人喜好灑上少許水果乾和堅果（份量外）。

黑莓果醬蛋糕

Blackberry Jam Cake

加入香料與黑莓果醬烘烤出爐，再用焦糖稀糖霜裝飾，
這是受到肯塔基州的特色美食「黑莓 · 果醬蛋糕」為啟發所創造的吃法。
在寒冷季節也很推薦改灑肉桂或丁香粉來取代迷迭香。
在市售果醬中下點兒功夫增添酸味與香氣後再用。

材料／3～4人份

蛋白蛋糕（參照 p.18）　½ 個
黑莓果醬　3 大匙
檸檬汁　數滴
迷迭香葉　4～5 片
糖粉　適量

1　將蛋白蛋糕切成三角形，再將厚度減半並切成可以夾入果醬的厚度。
2　將迷迭香切碎。在耐熱容器中放入迷迭香、黑莓果醬、檸檬汁，用微波爐加熱 10～15 秒。
3　將步驟 **2** 塗在蛋白蛋糕的其中一面後夾起來。
4　盛盤，用濾茶網灑上糖粉。

這裡將蛋白蛋糕切成三角形使用，不過切成四方形也可以。
黑莓果醬和蛋白蛋糕非常搭。

可可蛋糕附打發鮮奶油

Chocolate Cake with Whipped Cream

可可蛋糕與鮮奶油的經典組合。
雖然很簡單，但沒有比這種搭配更好的吃法。
可以在鮮奶油中加入砂糖，或是稍微加入一點蘭姆酒也很適合。
在給大人吃的蛋糕上灑紅胡椒，凸顯色彩與香氣。

材料／2人份

可可蛋糕（參照 p.22）　¼個
鮮奶油（乳脂肪含量40%左右）　適量
紅胡椒　適量

1. 在調理盆中倒入鮮奶油，用手持式攪拌機打至8分發。
2. 將可可蛋糕切成四方形。
3. 將可可蛋糕盛盤，加上大量的步驟**1**，灑紅胡椒。

可可蛋糕附花生醬與橙皮

Chocolate Cake with Peanut Butter and Orange Peel

抹上與可可蛋糕很搭的花生醬，
再附一塊大橙片凸顯華麗感。
可以用顆粒狀或滑順狀的花生醬。
用切絲的橙皮也可以，如果都沒有的話就用柑橘醬代替。

材料／2人份

可可蛋糕（參照 p.22）　⅓個
花生醬　適量
橙片（切成圓片）　適量

1 將可可蛋糕切成四方形。
2 將可可蛋糕盛盤，放花生醬，再附上橙片。

Sheet Cake

平板蛋糕

將蛋糕烤成四方形的薄片，因此叫做「平板蛋糕」，
與分層堆疊的多層次夾心蛋糕不同，裝飾簡單又輕鬆。
當放在上面的奶油很軟的時候，
可以將蛋糕放在烤模中直接塗抹奶油，
也能直接大方地搬到餐桌上非常吸引人。
平板蛋糕和圓蛋糕不同，容易切成喜歡的形狀、喜歡的大小，
所以也常會烤成大尺寸的蛋糕，用於多人數的生日派對或婚禮。

香濃檸檬罌粟籽蛋糕

Lemony Lemon Poppy Seed Cake

罌粟籽（罌粟的果實）作為豐收的象徵，長久以來被用於復活節、婚禮、聖誕節或跨年夜的點心當中。
除了經常用於德國、奧地利或匈牙利等地的烤箱點心以外，泥狀的罌粟籽則會被用於猶太教的祭典「普珥節」時食用的猶太三角小餅乾的內餡當中。
目前美國經常做成檸檬風味的蛋糕或馬芬。
檸檬稀糖霜也是不可或缺的要素。

材料內含「罌粟籽」，製作時須注意當地規範，請勿於列管區域進口、製作及販賣。

材料／15cm 大的方形烤模 1 個

蛋黃蛋糕（參照 p.14） 1 個蛋糕
藍色罌粟籽 15g
檸檬（日本國產）的皮刨成絲
1 顆份量
檸檬稀糖霜
糖粉 60g
檸檬汁 不超過 2½ 小匙
裝飾用檸檬皮屑 適量

※ 罌粟籽使用須遵守各地區規範。

準備

・在烤模中鋪烘焙紙（參照 p.8）。
・將烤箱預熱至 180℃。

按照步驟製作蛋黃蛋糕。但在加粉類時 (p.16 作法步驟 **6**），要加入藍色罌粟籽和檸檬皮刨絲。

按照步驟烤好後放在網架上置涼。

製作檸檬稀糖霜。將糖粉過篩並加入小調理盆中，加檸檬汁後用迷你打蛋器攪拌至有光澤且滑順。

在放了蛋糕的網架下鋪保鮮膜，將稀糖霜倒在蛋糕中心處。

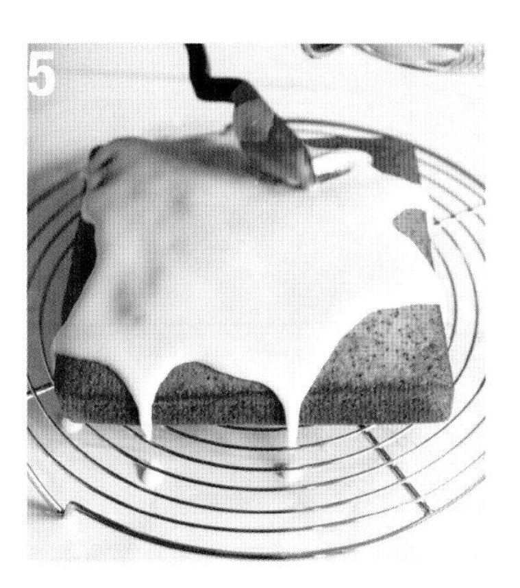

用矽膠刮刀將稀糖霜抹到邊緣處。往下流也沒關係。

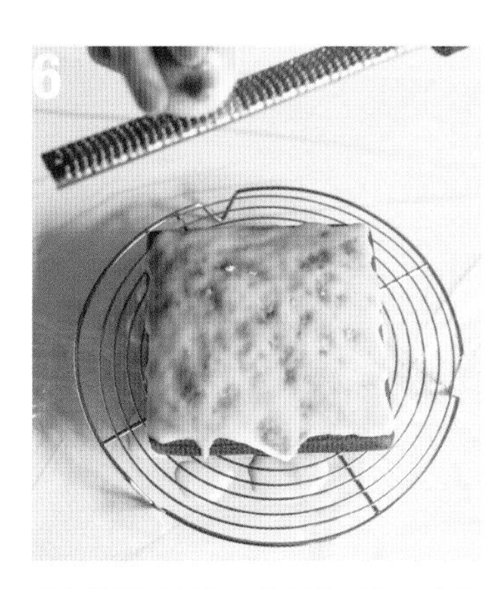

灑上檸檬皮刨絲。等稀糖霜凝固之後再切。

材料／15cm 大的方形烤模 1 個

蛋白蛋糕（參照 p.18）　1 個
巧克力奶油霜（參照 p.12）　1 份食譜
開心果　少許
冷凍覆盆莓乾　少許

準備

・按照步驟烤好蛋白蛋糕後放在網架上置涼。

將開心果去掉殼和薄皮後切碎。將冷凍覆盆莓乾切碎。

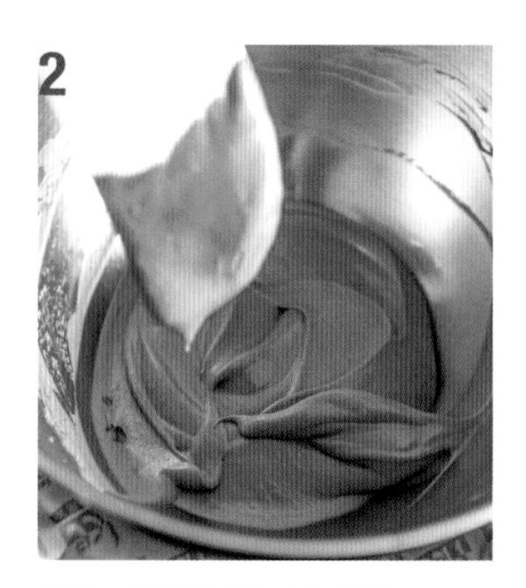

參照 p.12 製作巧克力奶油霜。

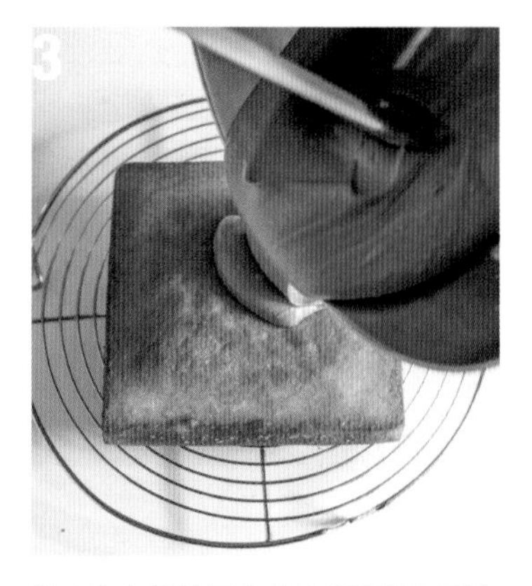

將巧克力奶油霜放在冷卻好的蛋糕中心處。

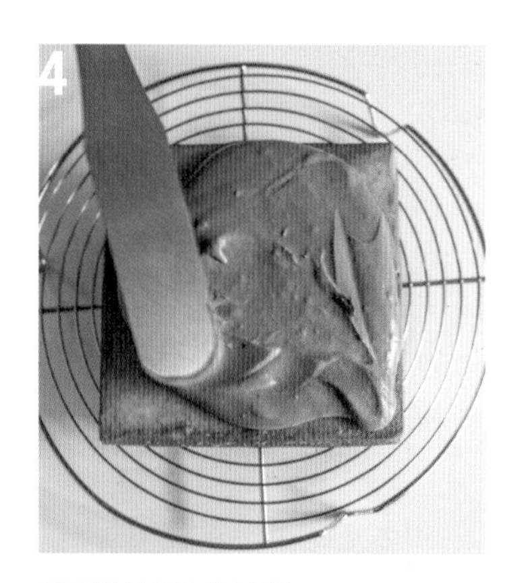

用蛋糕抹刀均勻抹開。

灑上開心果、冷凍覆盆莓乾。放在冰箱中冷卻，讓巧克力奶油霜變硬。

巧克力奶油霜蛋白蛋糕

White Cake with Chocolate Frosting

平板蛋糕的經典款。
和抹上奶油霜後堆疊的多層次夾心蛋糕不同，平板蛋糕只要在蛋糕表面上抹開就好，所以不需要對奶油的打發狀態太過緊張也可以，因此很輕鬆。
除了可以當日常點心，插上蠟燭就可以當成簡易的生日蛋糕享用。
因為是一款簡單的蛋糕，所以建議不論鮮奶油或是巧克力都使用高品質的產品。

咖啡 & 蘭姆酒奶油霜可可蛋糕

Chocolate Cake with Coffee Rum Whipped Cream

雖說製作巧克力的奶油霜很麻煩，
但只加原味的打發鮮奶油的話卻有點單調。這種時候就用以即溶咖啡和蘭姆酒
提升過香氣的打發鮮奶油如何呢？
將咖啡充分溶解後，就能做成滑順且口感良好的奶油霜。

材料／ 15cm 大的方形烤模 1 個

可可蛋糕（參照 p.22） 1 個

咖啡 & 蘭姆酒奶油霜

- 鮮奶油（乳脂肪含量 40% 左右） 120㎖
- 即溶咖啡 ⅔ 小匙
- 粗砂糖 10g
- （黑）蘭姆酒 ½ 小匙

可可粉（無糖） 適量

準備

- 按照步驟烤好可可蛋糕後放在網架上置涼。

1 製作咖啡 & 蘭姆酒奶油霜。在調理盆中加入鮮奶油 1 大匙、即溶咖啡、粗砂糖，隔熱水加熱並用迷你打蛋器攪拌溶解後，將調理盆的底部泡冰水散熱。

2 倒入蘭姆酒並攪拌。

3 倒入剩下的鮮奶油，泡冰水冷卻的同時用手持式攪拌機打至 8 分發。

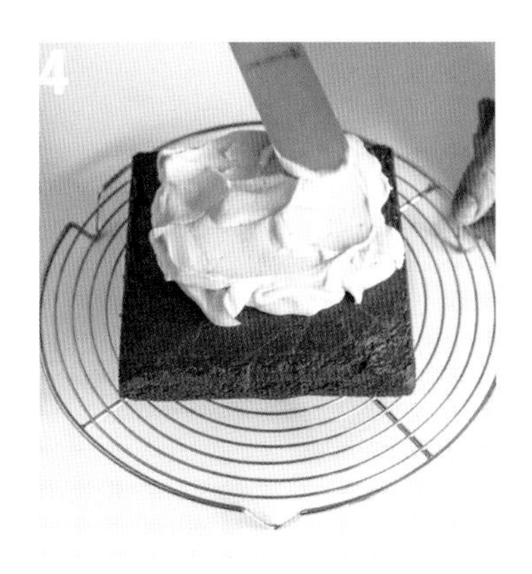

4 放在冷卻好的蛋糕上，用蛋糕抹刀均勻抹開並做出造型。

5 用濾茶器等工具灑上可可粉。

百里香與紅莓蛋黃醬蛋糕

Lemon and Thyme Cake with Mixed Berry Curd

不只有檸檬蛋黃醬一種蛋黃醬而已。
用草莓和覆盆莓製作華麗又香濃的蛋黃醬，
和簡單的蛋白蛋糕非常搭。
用適合莓果的百里香與檸檬為蛋糕增添香氣。
這是一款帶有酸味的蛋糕，所以也很推薦加上冰淇淋一起吃。

材料／ 15cm 大的方形烤模 1 個

蛋白蛋糕（參照 p.18） 1 個蛋糕
百里香葉 ½ 小匙
檸檬（日本國產）的皮刨成絲
 1 小顆份量

紅莓蛋黃醬
- 蛋黃（M 尺寸） 1 顆
- 粗砂糖 30g
- 玉米澱粉 5g
- 草莓泥（市售） 80g
- 覆盆莓泥（市售） 20g
- 檸檬汁 1½ 小匙
- 奶油（不含鹽） 30g

裝飾用百里香葉 少許

準備

- 將奶油回復至室温。
- 在烤模中鋪烘焙紙 (參照 p.8)。
- 將烤箱預熱至 180℃ 。

按照步驟製作蛋白蛋糕。但在加粉類時 (p.20 作法步驟 **5**)，加入百里香葉和檸檬皮刨絲。按照步驟烤好後放在網架上置涼。

製作紅莓蛋黃醬。在調理盆中加入蛋黃和一半份量的粗砂糖，用迷你打蛋器攪拌到變白為止，加入玉米澱粉混合在一起。

在小鍋中加入草莓泥、覆盆莓泥、檸檬汁和剩下的粗砂糖後開中火，等到冒泡沸騰之後少量分次倒入步驟 **2** 的調理盆中，用迷你打蛋器攪拌。

將步驟 **3** 倒回小鍋中加入奶油，隔熱水加熱。讓熱水保持稍微沸騰的狀態，盡量不要讓小鍋的底部直接碰到熱水，約攪拌 5 分鐘，形成像卡士達奶油霜一樣濃稠的狀態。

過濾並移到調理盤上，緊貼保鮮膜，放上用廚房紙巾包住的保冷劑急速冷卻。

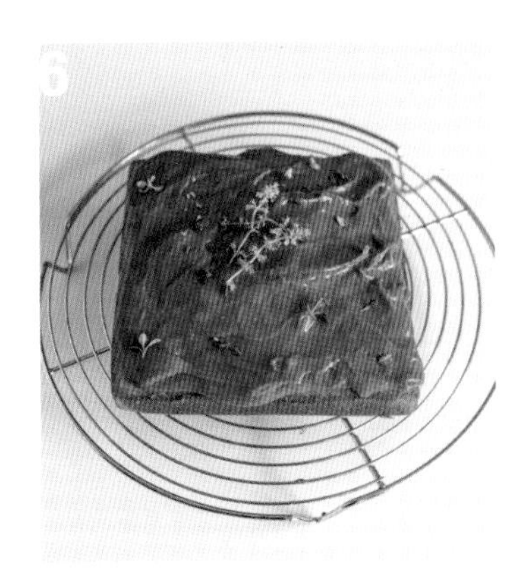

用矽膠刮刀攪拌到再次變得滑順，放在步驟 **1** 的蛋糕上，用蛋糕抹刀均勻抹開。用百里香葉裝飾。

迷迭香與檸檬蛋黃醬可可蛋糕

Rosemary Chocolate Cake with Lemon Curd

帶有酸味的檸檬蛋黃醬與可可蛋糕非常搭。
用迷迭香增添香氣後，就會變成非常適合夏天的蛋糕。
和 p.42 的「百里香與紅莓蛋黃醬蛋糕」一樣，是一款帶有酸味的蛋糕，
所以也可以加上稍微打發過的鮮奶油或冰淇淋一起吃。

材料／15cm 大的方形烤模 1 個

可可蛋糕（參照 p.22）　1 個蛋糕
迷迭香葉　½ 小匙
檸檬蛋黃醬（p.11 參照）　1 份食譜
裝飾用迷迭香葉　適量

準備

- 在烤模中鋪烘焙紙 (參照 p.8)。
- 將烤箱預熱至 170℃ 。

按照步驟製作可可蛋糕。但在加粉類時 (p.24 作法步驟 **5**），要加入迷迭香葉。

按照步驟烤好後放在網架上置涼。

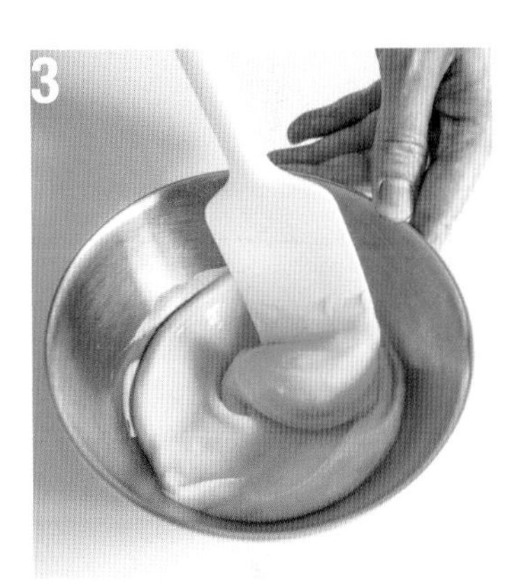

參照 p.11 製作檸檬蛋黃醬後冷卻，使用前用矽膠刮刀攪拌至滑順。

在冷卻好的蛋糕上放檸檬蛋黃醬，用蛋糕抹刀均勻抹開。

灑迷迭香葉。

焦糖爆米花蛋糕

Caramel Cake with Caramel Popcorn

在美國電影《姊妹》中也曾出場的焦糖蛋糕是美國南部的傳統蛋糕，
是一款將焦糖稀糖霜或濃糖霜抹開做成的濃厚蛋糕。
焦糖蛋糕也有很多不同的種類，本書中介紹的是在蛋糕上淋焦糖醬的簡單作法，
並放上焦糖爆米花裝飾完成。
使用市售的牛奶糖做焦糖爆米花，再用烤箱烘乾就不會失敗。

材料／15cm 大的方形烤模 1 個

蛋黃蛋糕（參照 p.14）　1 個

焦糖稀糖霜

- 鮮奶油（乳脂肪含量 30%左右）　100g
- 蔗糖　45g
- 蜂蜜　10g
- 鹽　1 撮
- 香草精　少許

焦糖爆米花

- 爆米花（鹽味）　30g
- 牛奶糖　約 5g×8 個
- 牛奶　20g
- 奶油（不含鹽）　5g

準備

- 按照步驟烤好蛋黃蛋糕後放在網架上置涼。
- 將烤箱預熱至 150℃。

製作焦糖爆米花。在小鍋中加入牛奶糖、牛奶、奶油後開小火，邊使用矽膠刮刀擠壓邊讓牛奶糖融化。

牛奶糖融化之後轉中火，開始冒泡就關火，加入爆米花並裹上焦糖。

攤開放在鋪好烘焙紙的烤盤上，用 150℃ 的烤箱烤 15 分鐘左右烤至乾燥。中間要觀察情況，要是看起來快燒焦的話就把溫度調降到 140℃。接著繼續放在烤箱中降溫。

製作焦糖稀糖霜。在小鍋中加入所有材料並攪拌，待蔗糖溶解之後轉中火，拿用水沾濕的毛刷刷鍋邊，並維持沸騰冒泡的狀態。不要攪拌。

用烘焙溫度計測量達到 110℃ 就關火。

在放了蛋糕的網架下鋪保鮮膜，在蛋糕上方來回淋上熱騰騰的稀糖霜。往下流也沒關係。放焦糖爆米花。

材料／烤模底部 11.5×20×高 5.5cm 的耐熱容器 1 個

蛋黃蛋糕（參照 p.14）　1 個蛋糕

3 種奶

- 椰奶　140g
- 煉乳　70g
- 鮮奶油（乳脂肪含量 40% 左右）　40g

煉乳奶油霜

- 鮮奶油（乳脂肪含量 40% 左右）　160g
- 煉乳　20g
- 香草精　少許

卡士達奶油霜（參照 p.13）　1 份食譜

草莓　適量

準備

・在耐熱容器中薄塗一層奶油（份量外）。

・將烤箱預熱至 180℃。

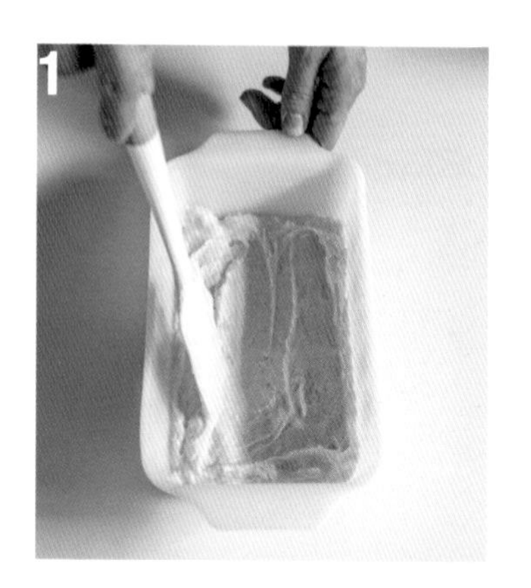

按照步驟製作蛋黃蛋糕。但不要將麵糊倒入方形烤模中，而是倒入薄塗了一層奶油的耐熱容器中並讓中央稍微凹陷，不用震出空氣。放到烤盤上用 180℃ 的烤箱烤約 25 分鐘。

烤好之後不用從容器中取出，用叉子在蛋糕上均勻戳洞。

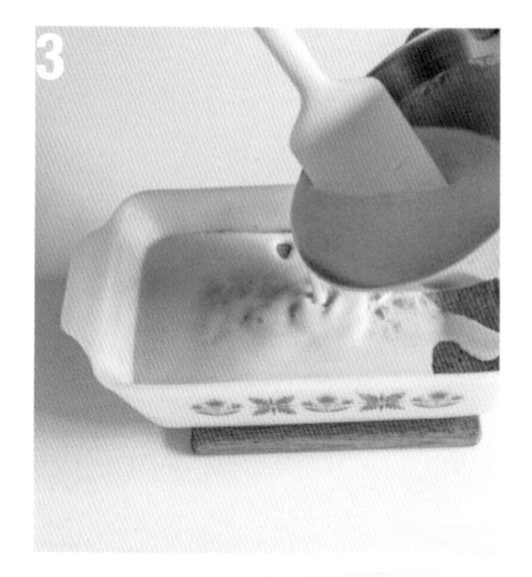

在調理盆中加入 3 種奶並混合在一起。如果椰奶凝固的話，隔熱水加熱融化後再使用。趁步驟 **2** 的蛋糕還溫熱時，輕輕倒入。

用矽膠刮刀輕輕將蛋糕提起，讓牛奶流到容器的底部和側面。散熱之後放到冰箱冰 2 ～ 3 個小時。也可以放置一晚。

製作煉乳奶油霜。在泡了冰水的調理盆中加入鮮奶油後用手持式攪拌機打至 6 分發，再加入煉乳、香草精後打至 8 分發。

將卡士達奶油霜加入調理盆中用矽膠刮刀拌至滑順，放到步驟 **4** 的蛋糕上，再疊放步驟 **5** 的奶油後抹開。放上去掉蒂頭並垂直切成薄片的草莓。用湯匙分食。

特蕾斯蛋糕

Tres Leches Cake

在西班牙文中 Tres Leches= 浸泡 3 種奶的牛奶味蛋糕。
這次使用椰奶取代了傳統的無糖煉乳，做成一款滋味豐富的蛋糕。
因為 1970 ～ 80 年代的雀巢公司的食譜書與
La Lechera 的煉乳罐頭上刊登了這款蛋糕食譜而開始流行。
因為要在烤模中將蛋糕浸泡牛奶，所以不適合使用活動烤模，要用耐熱容器製作。

椰奶蛋糕

Haupia Cake

在夏威夷廣受喜愛的椰子布丁 =Haupia。
夏威夷使用芋頭澱粉來增加濃稠度，
但在美國製作布丁時，使用更普遍的玉米澱粉來製作的話會比較輕鬆。
用耐熱容器烤好之後，就可以直接放上餐桌。
雖然外觀看起來很簡單，卻是濃郁且濕潤的滋味。

材料／烤模底部 17×17cm 的耐熱容器 1 個

蛋白蛋糕（參照 p.18）　1 個蛋糕

椰奶布丁

- 椰奶　160g
- 牛奶　120g
- 粗砂糖　30g
- 玉米澱粉　20g

椰子絲　10g

準備

- 在耐熱容器中薄塗一層奶油（份量外）。
- 將烤箱預熱至 180℃ 。

按照步驟製作蛋白蛋糕。但不要將麵糊倒入方形烤模，而是倒入薄塗了一層奶油的耐熱容器中並讓中央稍微凹陷，不用震出空氣。

放到烤盤上用 180℃ 的烤箱烤約 25 分鐘。烤好之後不須從容器中取出，直接放涼。

製作椰奶布丁。在小鍋中加入粗砂糖和玉米澱粉後，用迷你打蛋器充分攪拌。少量分次加入牛奶，充分攪拌至玉米澱粉完全溶解為止。

加入椰奶後開小火，持續攪拌到變得濃稠。開始沸騰冒泡就離火。

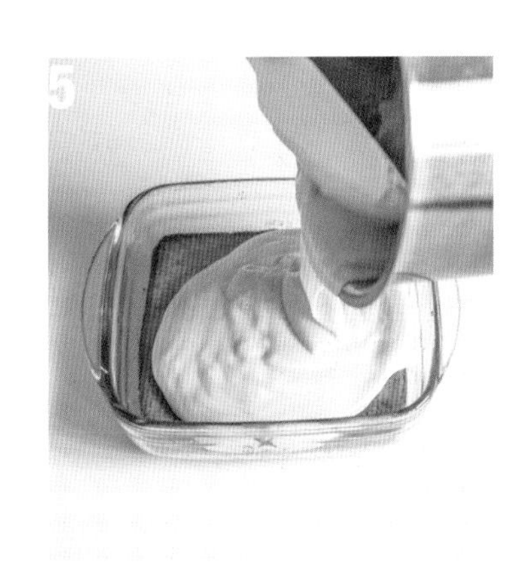

快速倒在步驟 **2** 的蛋糕上，鋪平。

放椰子絲，散熱之後放在冰箱中冷卻凝固。

材料／15cm 大的方形烤模 1 個

可可蛋糕（參照 p.22）　1 個蛋糕
肉桂粉　¼ 小匙
肉荳蔻粉　1 撮
丁香粉　1 撮
南瓜起司糖霜
- 南瓜（去皮和去籽）　50g
- 奶油乳酪　100g
- 肉桂粉　1/2 小匙
- 肉荳蔻粉　1 撮
- 丁香粉　1 撮
- 蜂蜜　30g

胡桃　20g
南瓜籽　10g
肉桂糖*　適量

＊肉桂糖……以肉桂粉 1：粗砂糖 10 的比例混合。

準備

- 將奶油乳酪回復至室溫。
- 用 160℃ 的烤箱將胡桃烘烤約 8 分鐘，或是用平底鍋乾煎後，大略切碎。
- 在烤模中鋪烘焙紙 (參照 p.8)。
- 將烤箱預熱至 170℃ 。

按照步驟製作可可蛋糕。但是在加粉類時 (p.24 作法步驟 **5**），要一起過篩並加入肉桂粉、肉荳蔻粉和丁香粉。

按照步驟烤好後放在網架上置涼。

製作南瓜糖霜。將南瓜切成一口大小後放入耐熱容器，再鬆鬆地蓋上一層保鮮膜，用微波爐加熱 2 分鐘左右。使用湯匙的凸面壓碎南瓜並拌至滑順，放涼。

在調理盆中加入奶油乳酪，用矽膠刮刀充分拌到滑順為止，加入步驟 **3** 的南瓜攪拌均勻。

混合並加入肉桂粉、肉荳蔻粉、丁香粉，少量分次加入蜂蜜同時要攪拌。

放在冷卻好的蛋糕上，用蛋糕抹刀均勻抹開，灑胡桃和南瓜籽。依個人喜好在享用之前灑肉桂糖。

南瓜起司糖霜可可蛋糕

Chocolate Spice Cake with Pumpkin Cream Cheese Frosting

混合了香料的南瓜點心是假期不可或缺的點心。
塗抹在蛋糕上的南瓜奶油起司糖霜不只能用在蛋糕上，
也可以和簡單的馬芬搭配在一起，或是當薑餅的沾醬。
蛋糕與糖霜的香料量，請依個人喜好增減。

酪梨糖霜可可蛋糕

Chocolate Cake with Avocado Lemon Frosting

濃厚且滑順的植物性糖霜很吸引人。
擠入檸檬增添了清爽的風味，也可以防止變色。
生酪梨品質有好有壞差異很大，
所以自從我在便利商店中發現冷凍酪梨後就只用這種。
不用花太多時間，也能輕鬆做出酪梨糖霜了。

材料／15cm 大的方形烤模 1 個

可可蛋糕（參照 p.22）　1 個蛋糕
巧克力豆　50g
酪梨糖霜
- 酪梨（冷凍）　150g
- 檸檬汁　1 大匙
- 糖粉　50g
- 香草精　少許

巧克力（自己喜歡的產品）　20g

準備

- 將酪梨半解凍或是完全解凍。
- 在烤模中鋪烘焙紙（參照 p.8）。
- 將烤箱預熱至 170℃。

按照步驟製作可可蛋糕。但是在加入粉類之後（p.25 作法步驟 **7**），加入巧克力豆。

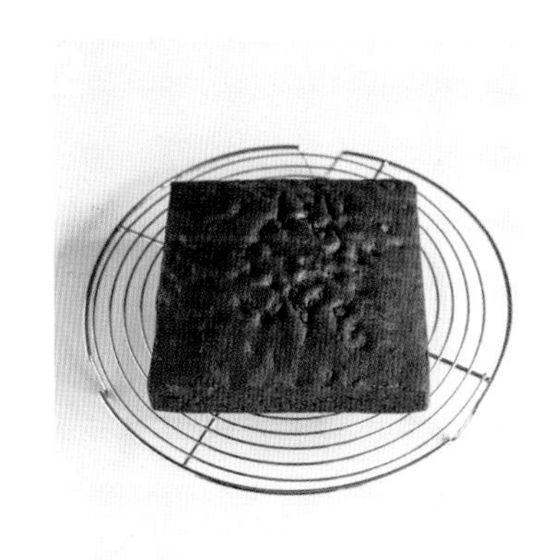

按照步驟烤好後放在網架上置涼。

製作酪梨糖霜。將酪梨、檸檬汁、糖粉和香草精放入手持式攪拌機專用的容器中。

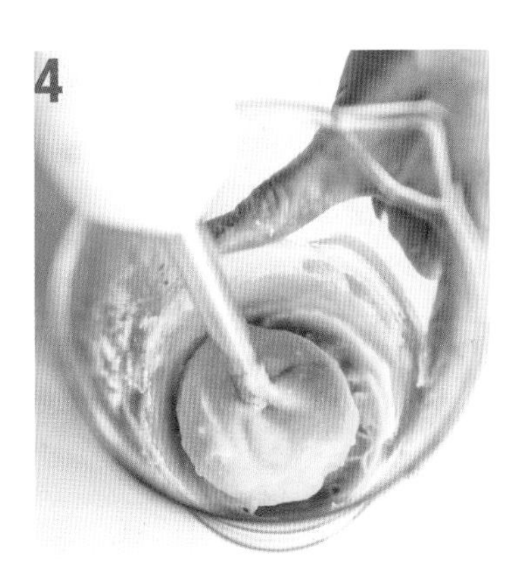

攪拌到滑順為止。

放到冷卻好的蛋糕上，用蛋糕抹刀均勻抹開並做出造型。

將巧克力隔熱水加熱融化，使用前端開口小的擠花袋擠成條狀。也可以裝入塑膠袋中並稍微剪掉前端後擠出來。

陽光鳳梨蛋糕

Pineapple Sunshine Cake

美國的蛋糕裡經常會使用到鳳梨，
例如將鳳梨鋪在烤模底部的「翻轉蛋糕」，
或是將鳳梨和香蕉放入麵糊中烤的「蜂鳥蛋糕」等。
其中的這一款我想推薦給喜歡鳳梨的人。
讓鳳梨罐頭汁滲入剛出爐的蛋糕中，
蛋黃醬和奶油霜中也都是滿滿的鳳梨。
就像嘴裡充滿著閃亮的光芒。

材料／15cm 大的方形烤模 1 個

蛋白蛋糕（參照 p.18）　1 個蛋糕
鳳梨罐頭的罐頭汁　80g
鳳梨蛋黃醬
- 蛋黃（L 尺寸）　1 顆
- 粗砂糖　15g
- 鳳梨果汁 (100% 果汁）　30g
- 奶油（不含鹽）　20g

起司優格奶油霜
- 奶油乳酪　80g
- 蔗糖　1 小匙
- 原味優格（偏硬的*）　20g
- 鳳梨（罐頭）　2 片

裝飾用鳳梨（罐頭）　1½ 片
核桃　10g
椰子絲　10g

*使用水分多的優格時，要將優格放入鋪了 3 層廚房紙巾的篩網中瀝水 1 個小時左右，瀝乾後再測量使用。

準備

- 將奶油切成 1cm 丁狀後回復至室温。
- 將奶油乳酪回復至室温。
- 將所有鳳梨切碎並瀝乾水氣，用廚房紙巾包住擰乾水氣。
- 用 160℃ 的烤箱烘烤核桃 8 分鐘左右，或是用平底鍋乾煎後，大略切碎。
- 在烤模中鋪烘焙紙（參照 p.8）。
- 將烤箱預熱至 180℃。

按照步驟製作蛋白蛋糕。但烤好之後不須從烤模中取出，而是用牙籤在蛋糕表面均勻戳洞後，用湯匙淋上鳳梨罐頭的罐頭汁。散熱之後從烤模中取出冷卻。

製作鳳梨蛋黃醬。在小鍋中加入蛋黃和粗砂糖，用迷你打蛋器攪拌至變白為止，加入鳳梨果汁後繼續攪拌。

加入奶油，隔熱水加熱。讓熱水保持稍微沸騰的狀態，盡量不要讓小鍋的底部直接接觸熱水，大約攪拌 5 分鐘，形成像卡士達奶油霜一樣濃稠的狀態。

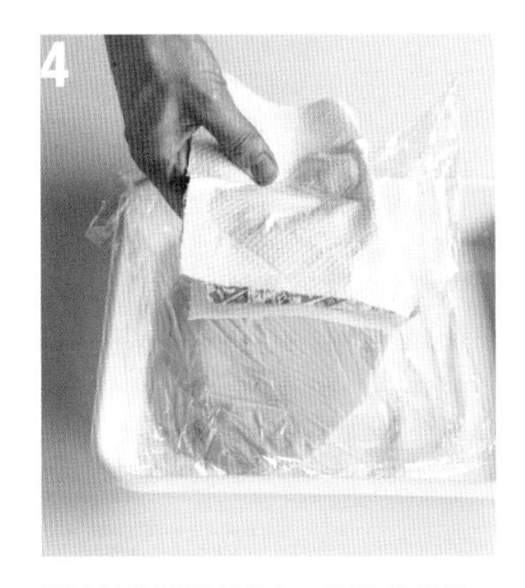

過篩並移到調理盤上，緊貼保鮮膜，放上用廚房紙巾包住的保冷劑急速冷卻。接著，空出步驟 **1** 的蛋糕的邊緣約 1.5cm 並在其餘地方抹上蛋黃醬，放在冰箱中冷卻。

製作起司優格奶油霜。在調理盆中放入奶油乳酪並用迷你打蛋器攪拌至滑順，按照順序加入蔗糖、優格，每次都要充分攪拌，再加入鳳梨。

在步驟 **4** 上少量分次放上起司優格奶油霜並抹開，放鳳梨、核桃和椰子絲。

材料／15cm 大的方形烤模 1 個

蛋黃蛋糕（參照 p.14） 1 個蛋糕

草莓與覆盆莓果凍

- 草莓泥（市售） 60g
- 覆盆莓泥（市售） 20g
- 蜂蜜 15g
- 吉利丁粉 1.5g

覆盆莓奶油乳酪糖霜

- 奶油乳酪 40g
- 鮮奶油（乳脂肪含量 30% 左右） 80mℓ
- 粗砂糖 1 大匙
- 覆盆莓泥（市售） 30g

草莓、覆盆莓 各適量

準備

- 在小容器中加入水 2 小匙（份量外），灑入吉利丁粉浸泡。
- 將奶油乳酪回復至室溫。
- 在烤模中鋪烘焙紙（參照 p.8）。
- 將烤箱預熱至 180℃。

按照步驟製作蛋黃蛋糕。但烤好之後要將蛋糕從烤模中取出，上下顛倒放在網架上，用粗的調理筷的尾端部分戳洞並深入到蛋糕⅔的深度。盡量不留空隙，戳大一點的洞。

製作草莓與覆盆莓果凍。在小鍋中加入吉利丁粉以外的材料後開中火，開始沸騰就關火，加入並將浸泡過的吉利丁溶解。泡著冰水直到變濃稠為止。

用湯匙在步驟 **1** 的蛋糕洞上加入步驟 **2**。用調理筷壓入果凍，再次加入剩下的步驟 **2**，表面也要薄塗一層果凍。冰在冰箱中 1 個小時左右使果凍冷卻凝固。

製作糖霜。在調理盆中加入鮮奶油和粗砂糖後，邊泡冰水邊用手持式攪拌機打至 6 分發，加入、⅓ 份量攪拌好的奶油乳酪後混合在一起，再倒回調理盆。

再次打到 6 分發，加入覆盆莓泥後打至 8 分發。

在步驟 **3** 的蛋糕上放步驟 **5** 的糖霜後用蛋糕抹刀抹開，裝飾去掉蒂頭後垂直切開的草莓、覆盆莓。

紅莓戳洞蛋糕

Raspberry and Strawberry Poke Cake

這款蛋糕的特徵是將棍子插入 (=poke) 烤好的蛋糕中戳洞，
再讓果凍液或布丁滲入其中。
當我知道這種作法時受到了打擊，
不過使用泡打粉或小蘇打粉的蛋糕會產生特別的氣孔，
洞打開後就不用在意，也不需要裝飾的技巧。
趁熱使用果凍液的話就很容易滲入其中且保濕，
像這次的做法一樣變濃稠之後再倒的話，就可以防止蛋糕太過濕潤。

能輕鬆製作的美國家庭式甜點的代表。
一般會將餅乾麵糊放在水果上烘烤出爐，但其實種類變化多端。
像這次放上含水量多的蛋糕麵糊再烤成蛋糕也是其中一種。
就像烤布樂的名稱由來之一是因為「Cobbled Together= 急忙趕出的、修修補補的」，所以是可以簡單製作的粗獷風格。加入大量水果、用稀麵糊比較好吃，所以建議選擇尺寸稍微大一點的烤模。

藍莓香蕉烤布樂
Blueberry and Banana Cobbler

材料／烤模底部 11.5×20×高 5.5cm 的耐熱容器 1 個

蛋黃蛋糕（參照 p.14） 1 個蛋糕

內餡*

- 藍莓（新鮮或冷凍） 200g
- 香蕉 中型 3 根
- 檸檬汁 2 小匙
- 粗砂糖 20 g
- 低筋麵粉 1 大匙

香草冰淇淋 依個人喜好適量

＊如果容器太小內餡會溢出，所以要按照容器大小來增減內餡的份量。內餡的用量是加到看不見容器底部的程度。

準備

・在耐熱容器中薄塗一層奶油（份量外）。

・將烤箱預熱至 180℃。

將香蕉剝皮後切成 2cm 厚。在容器中加入藍莓、香蕉和檸檬汁，再將粗砂糖和低筋麵粉混合在一起後加入，裹在所有材料上。

將烤箱預熱至 180℃ 的時候，放入步驟 **1** 加熱 10 ～ 15 分鐘。

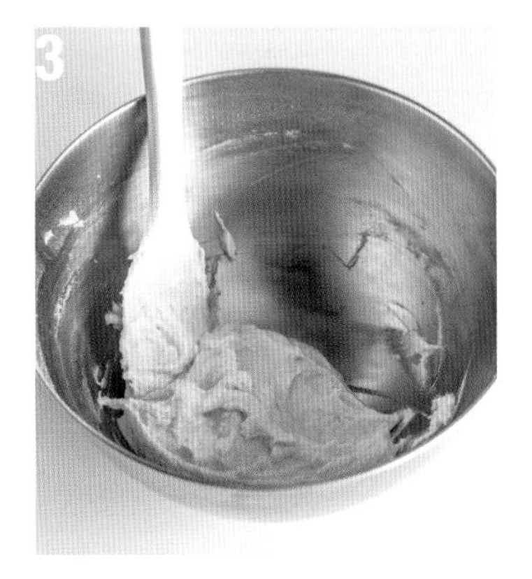

按照步驟製作蛋黃蛋糕。但不須烘烤只做麵糊（到 p.16 的作法步驟 **6** 為止）。

烤箱預熱結束就取出步驟 **2**，放上步驟 **3** 的麵糊並鋪平。不要完全覆蓋，稍微空出縫隙讓水果的蒸氣可以散發出來。

用 180℃ 的烤箱烤約 40 分鐘。插入竹籤沒有沾黏生的麵糊即可出爐。趁熱分裝到盤子上，加上冰淇淋。

可可閃電蛋糕

Blitz Torte

在蛋糕麵糊上放蛋白霜並烘烤出爐，來自德國的美式蛋糕。
因為剛烤好出爐就很美觀，好吃到馬上就吃完，
所以蛋糕的名字才會叫做 Blitz= 閃電般的。
加入蛋白霜中的砂糖份量約為蛋白的 2 倍。
請注意減量的話就烤不出酥脆的口感。

材料／15cm 大的方形烤模 1 個

可可蛋糕（參照 p.22）　1 個蛋糕

蛋白霜

- 蛋白（M 尺寸）　1 顆
- 粗砂糖*　60g
- 香草精　少許

＊雞蛋大且蛋白的量很多時，需要測量蛋白重量，粗砂糖的用量約為蛋白的 2 倍份量。例如蛋白 30g 時用 60g 粗砂糖，蛋白 40g 時用 80g 粗砂糖。

準備

- 在烤模中鋪烘焙紙（參照 p.8）。這個時候，側面的紙要比烤模稍微高出一點，會比較容易取出。
- 將烤箱預熱至 160℃。

按照步驟製作可可蛋糕。但倒入烤模之後要震出空氣（到 p.25 作法步驟 **8** 為止），整理麵糊讓邊緣較高。還不用烤。

製作蛋白霜。在無油無水的調理盆中加入蛋白，用手持式攪拌機打發到立起尖角為止。分 5 ～ 6 次加入粗砂糖，每次都要打發到立起尖角為止。加入香草精。

在步驟 **1** 的蛋糕麵糊上少量分次放上蛋白霜，均勻抹開。讓中心偏薄，邊緣稍微空出間隙。

放到烤盤上用 160℃ 的烤箱烤約 60 分鐘。

當蛋白霜變得酥脆、插入竹籤沒有沾黏生的麵糊即可出爐。

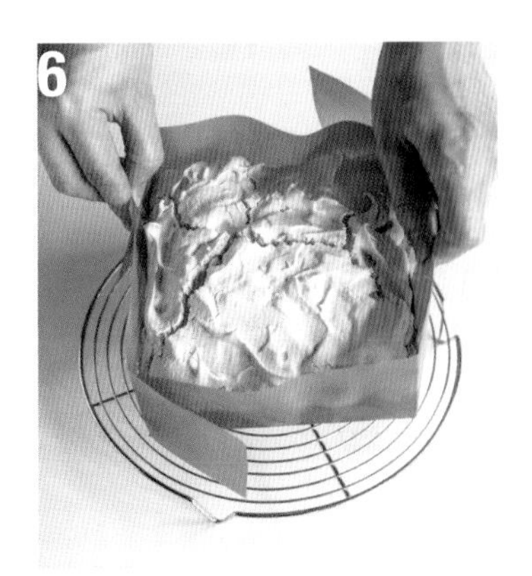

提著烘焙紙的上半部輕輕從烤模中取出，放到網架上置涼。雖然沒辦法切得很漂亮，但剛烤好出爐的蛋糕也很好吃。

材料／15cm 大的方形烤模 1 個

蛋黃蛋糕（參照 p.14）　1 個蛋糕

蘋果（富士等堅硬的品種）

　淨重 70g

奶酥

- 奶油（不含鹽）　35g
- 低筋麵粉　60g
- 肉桂粉　¾ 小匙
- 黑糖或蔗糖　30g
- 鹽　1 撮

準備

- 將蘋果削皮去芯，切成扇形薄片。
- 在烤模中鋪烘焙紙（參照 p.8）。
- 將烤箱預熱至 180℃ 。

製作奶酥。在調理盆中隔熱水加熱融化奶油，在室溫下放涼。將低筋麵粉和肉桂粉混合後過篩加入盆中，加入黑糖、鹽。

用調理筷繞圈攪拌成肉燥狀。有大顆粒的話要壓碎成黃豆大小。當攪拌卻無法變成肉燥狀時，冰入冰箱幾分鐘後再進行動作。要使用之前都先冰在冰箱。

按照步驟製作蛋黃蛋糕。但加粉類之後攪拌到約 8 成的狀態時（p.16 作法步驟 **6**），加入蘋果攪拌。看不到麵粉就可以。

倒入烤模中鋪平。

用湯匙等工具鋪滿奶酥，用 180℃ 的烤箱烤約 30 分鐘。插入竹籤沒有沾黏生的麵糊即可出爐。

因為蛋糕柔軟且容易變形，所以放置 10 分鐘後再輕輕從烤模中取出，放在網架上置涼。冷卻之後再切。

蘋果奶酥蛋糕

Apple Crumb Cake

在麵糊中加入蘋果，
放上滿滿奶酥後烘烤出爐，這款來自德國的蛋糕，
也是可以搭配咖啡一起享用的一種咖啡蛋糕。
在濕潤的蛋糕中加入肉桂，
搭配上襯托風味且口感酥脆的奶酥令人開心，
不論何時吃都不會膩的美味。
滋味複雜做法卻很簡單。也很適合當早餐。

椰子核桃巧克力翻轉蛋糕

German Chocolate Upside Down Cake

雖然翻轉蛋糕大多是在烤模底部鋪上奶油和砂糖後再放水果，
但我這次鋪了椰子絲、核桃和巧克力來製作。
把椰子絲放在上面烤的話會不小心烤焦，不過放入底部的話就能烤出剛剛好的濃香。
同時也降低了甜度。配上煉乳鮮奶油霜一起享用的話，
就會令人想起德式巧克力蛋糕的風味。

材料／15cm 大的方形烤模 1 個

可可蛋糕（參照 p.22）　1 個蛋糕
椰子絲　25g
核桃　50g
板狀巧克力
　（可可脂含量 60～70%）　50g
煉乳奶油霜*　依個人喜好適量

＊煉乳奶油霜……在調理盆中倒入鮮奶油（乳脂肪含量 40% 左右）160g，用手持式攪拌機打至 6 分發，再加入煉乳 20g、香草精少許後打至 8 分發。

準備

- 用 160℃ 的烤箱烘烤核桃 8 分鐘左右，或是用平底鍋乾煎後，大略切碎。
- 在烤模中鋪烘焙紙（參照 p.8）。
- 將烤箱預熱至 170℃。

將板狀巧克力切碎成 1cm 丁狀。按照順序均勻地在烤模的底部鋪入椰子絲、核桃和巧克力。

按照步驟製作可可蛋糕。但不須烘烤只做麵糊（到 p.25 作法步驟 **7** 為止），輕輕倒在步驟 **1** 的上方。

用矽膠刮刀將表面輕輕抹平。讓麵糊邊緣較高。

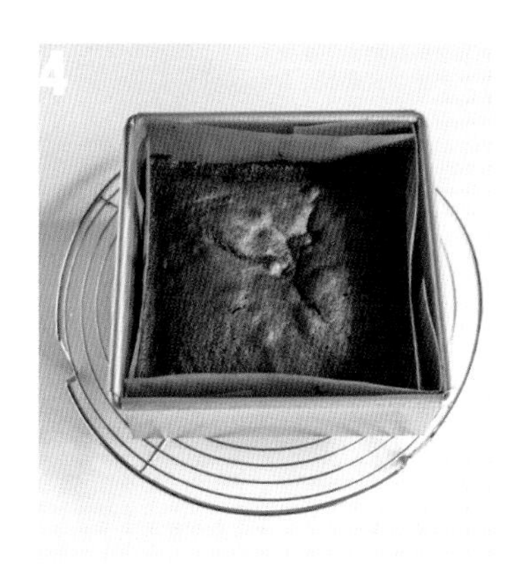

用 170℃ 的烤箱烤約 23 分鐘。插入竹籤沒有沾黏生的麵糊即可出爐。放在網架上散熱。

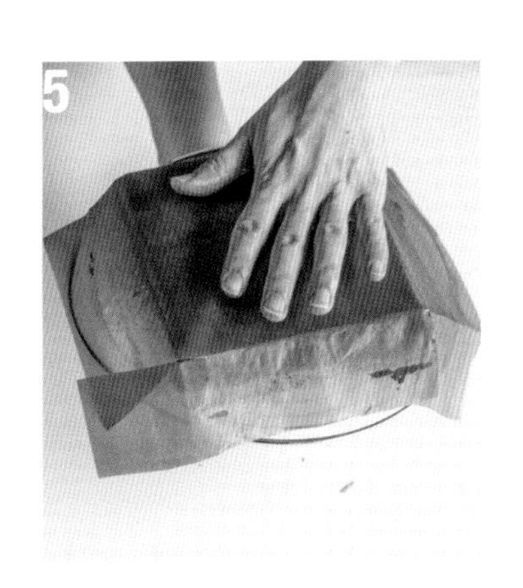

冷卻之後將蛋糕連同烘焙紙從烤模中取出，在蛋糕上蓋網架後上下顛倒。

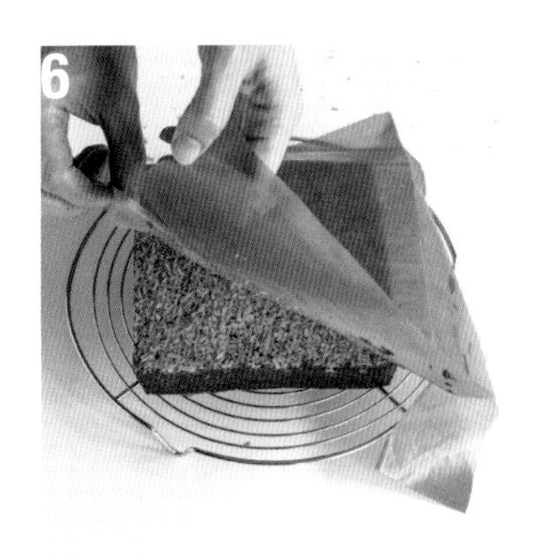

輕輕撥開烤盤紙，置涼。切開後，依個人喜好加上煉乳奶油霜。

使用蛋糕的邊角

把蛋糕的邊角和吃不完剩下的蛋糕，
用保鮮膜包起後冰在冷凍庫中保存，
做成碎屑（打碎）後再重新製作，
就能做出和蛋糕不一樣的點心。
以下介紹可以輕鬆製作的點子，
像是拌入冰淇淋中、做成草莓鮮奶油蛋糕、或做成奶昔……。

蛋糕屑冰淇淋

Ice Cream Mix-Ins

只要把蛋糕的邊角或吃不完剩下的蛋糕做成碎屑，再拌入市售的冰淇淋當中，
加入水果乾或堅果之後就會產生豐富的風味。
本款點心使用了可可蛋糕，但用其他蛋糕的作法也相同。

材料／2人份

香草冰淇淋　200g
可可蛋糕的邊角或剩餘　50g
蔓越莓乾　10g
南瓜籽　10g
杏仁片（含皮。用平底鍋乾煎過的）　10g

1 用食物調理機將蛋糕攪拌成碎屑狀。
2 將所有材料放入調理盤後用湯匙大略混合，蓋上保鮮膜後放在冰箱中冷卻凝固。
3 用冰淇淋勺等工具挖起盛盤。

蛋糕棒棒糖

Cake Pops

只要將做成碎屑的蛋糕和奶油乳酪拌在一起後捏圓，再淋上巧克力就好。
使用包衣用巧克力的話，就不用下功夫調溫，可以輕鬆製作不怕失敗。
也可以灑上巧克力碎粒或巧克力米。

材料／8 根份量

蛋黃蛋糕的邊角或剩餘　70g
奶油乳酪　50g
包衣用巧克力（黑、白）　各 30g
開心果切碎　適量
冷凍覆盆莓乾（切碎的）　適量

1. 用食物調理機將蛋糕攪拌成碎屑。
2. 在調理盆中加入奶油乳酪後用湯匙拌勻，與步驟 **1** 混合。分成 8 等份並用棒子做芯捏圓，放在冰箱中冷卻。
3. 在小鍋中燒開熱水後關火，疊上加了巧克力的調理盆並溶解巧克力。小心不要沾到水氣。黑巧克力和白巧克力要分開溶解。
4. 在叉子上放一個步驟 **2**，用湯匙來回淋上巧克力，放在鋪了烘焙紙的調理盤上再灑開心果和覆盆莓。剩下的棒棒糖也用相同方式做好。
5. 放在冰箱中冷卻凝固。

蛋糕屑版草莓鮮奶油蛋糕

Strawberry and Raspberry Shortcake with Cake Crumbs

將剩下的蛋糕做成碎屑，疊放鮮奶油和水果製作成草莓鮮奶油蛋糕。
在甜點中淋上威士忌或雪利酒增添香氣，再疊上卡士達奶油霜，
就會變成叫做 tipsy= 微醺（酒醉）蛋糕的甜點。

材料／2 人份

蛋黃蛋糕的邊角或剩餘　70g
草莓　6 顆
粗砂糖　5g
覆盆莓（冷凍或新鮮）　10 顆
鮮奶油（乳脂肪含量 30%左右的產品）　80g

1. 用食物調理機將蛋糕攪拌成碎屑。
2. 清洗草莓後去掉蒂頭切成容易入口的大小，沾滿粗砂糖。將覆盆莓半解凍。
3. 將鮮奶油倒入調理盆中，泡著冰水同時用手持式攪拌機打至 6 分發。
4. 在玻璃杯中堆疊裝入碎屑、鮮奶油、莓果類，再繼續按照碎屑、鮮奶油、莓果類的順序堆疊。

蛋糕奶昔

Leftover Cake Shake

美國在蛋糕剩下時，基本款的享用方式就是做成奶昔。
只要把牛奶或香草冰淇淋，或者把兩者都和蛋糕混合後再用攪拌機打勻就好。
我喜歡用原味蛋糕來製作，
不過也有人會把裝飾好的蛋糕和牛奶與冰塊一起放入攪拌機打。
有興趣的人可以試試看。

材料／1～2人份

可可蛋糕的邊角或剩餘　70g
蜂蜜　適量
香草冰淇淋　50g
牛奶　150g

1. 取出滿滿1大匙裝飾用的蛋糕，放入粗篩網中，用湯匙凸面按壓成碎屑。
2. 用廚房紙巾將蜂蜜塗抹在玻璃杯的杯緣，顛倒玻璃杯把沾了蜂蜜的部分按壓在步驟**1**的碎屑上沾黏碎屑。
3. 將剩下的蛋糕、香草冰淇淋和牛奶放入攪拌機中攪拌至滑順。
4. 倒入玻璃杯中，放上步驟**2**剩下的碎屑。

Layer Cake

多層次夾心蛋糕

夾起糖霜或內餡後，再層層 (=layer) 堆疊，
所以叫做「多層次夾心蛋糕」。
本書中使用了蛋黃蛋糕、蛋白蛋糕和可可蛋糕等
3 種平板蛋糕來製作多層次夾心蛋糕。
糖霜的種類有鮮奶油基底、奶油乳酪基底和巧克力基底等各式種類。
可以不用塗抹側面直接吃，
或是只將糖霜大略抹開也 OK。

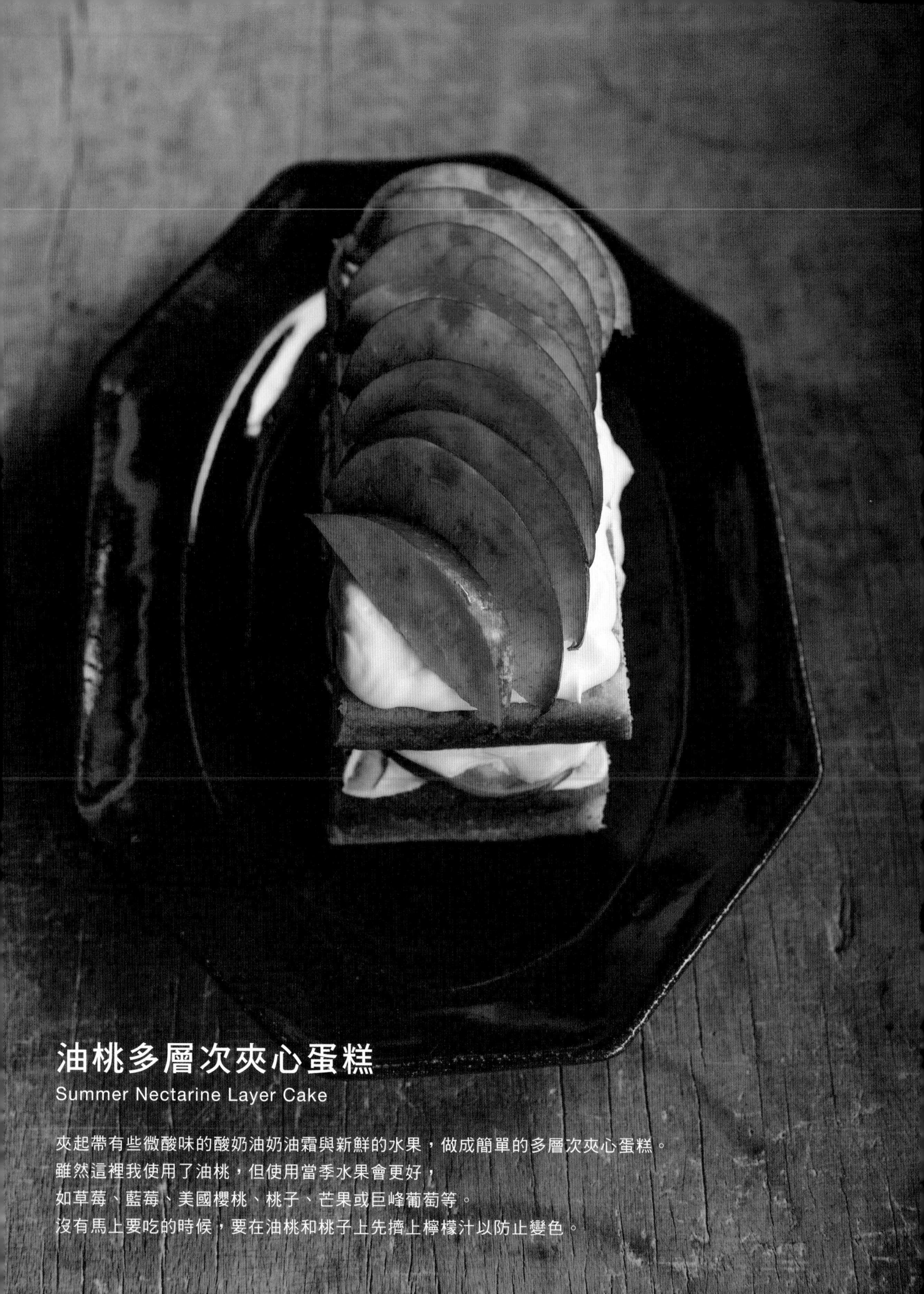

油桃多層次夾心蛋糕

Summer Nectarine Layer Cake

夾起帶有些微酸味的酸奶油奶油霜與新鮮的水果，做成簡單的多層次夾心蛋糕。
雖然這裡我使用了油桃，但使用當季水果會更好，
如草莓、藍莓、美國櫻桃、桃子、芒果或巨峰葡萄等。
沒有馬上要吃的時候，要在油桃和桃子上先擠上檸檬汁以防止變色。

材料／15×7.5cm 的蛋糕 1 個

蛋黃蛋糕（參照 p.14）　1 個
油桃　中型 1½ 顆
檸檬汁　少許
打發酸奶油
- 鮮奶油（乳脂肪含量 35 ～ 36％）　100g
- 酸奶油　90g
- 粗砂糖　1 大匙
- 檸檬汁　1 小匙

準備

- 按照步驟烤好蛋黃蛋糕後放在網架上置涼。
- 準備一張鋪在蛋糕下方的稍厚的紙 (15×7.5cm)。

將蛋黃蛋糕垂直切成一半，再薄薄地切下兩個長邊。如果蛋糕表面膨成圓頂狀的話要削平。

清洗油桃並擦乾水氣，切一半後去籽，再切成 5mm 左右的厚度。擠上檸檬汁。

製作打發酸奶油。在調理盆中加入所有材料後用手持式攪拌機打至 8 分發。也可以泡著冰水進行此步驟。

在厚紙上放 1 片蛋糕，用蛋糕抹刀薄塗一層打發酸奶油，稍微錯開擺放油桃。

空出邊緣 1.5cm 處，在其餘地方放剩下的一半鮮奶油，再疊放另 1 片蛋糕。

抹開剩下的鮮奶油，稍微錯開擺放剩下的油桃。

材料／15×7.5cm 的蛋糕 1 個

蛋黃蛋糕（參照 p.14） 1 個
覆盆莓果醬（市售） 100g 左右
糖粉 適量
喜歡的香草 適量

準備

- 按照步驟烤好蛋黃蛋糕後放在網架上置涼。
- 準備一張鋪在蛋糕下方的稍厚的紙(15×7.5cm)。

將蛋黃蛋糕垂直切成一半，如果蛋糕表面膨成圓頂狀的話要削平，再將厚度切成一半。這樣會變成 4 片蛋糕。

在厚紙上放 1 片蛋糕，用蛋糕抹刀塗抹 ⅓ 份量的覆盆莓果醬。

疊放第 2 片蛋糕，塗抹剩下的 ½ 份量的果醬，疊放第 3 片蛋糕後塗抹剩下的果醬。

疊放第 4 片蛋糕，做成 4 層蛋糕。這時候要讓長邊的剖面以烤面→切面→烤面→切面的順序交錯放置。

用濾茶器灑上糖粉做最後裝飾。盛盤，裝飾香草。

覆盆莓果醬多層次夾心蛋糕

Raspberry Layer Cake

在我小時候的愛書—L.M. 蒙哥馬利的小說《紅髮安妮》（又名清秀佳人）中，主角安妮不小心將止痛藥膏當成香草誤放入了「紅寶石果凍的多層次夾心蛋糕」。夾入果凍（一種沒有放果肉的透明果醬）和柑橘醬的「果凍蛋糕」是當時北美廣受歡迎的一款蛋糕。

安妮當時開心製作的很可能就是夾了覆盆莓的果凍或果醬的蛋糕。

灑上糖粉、裝飾香草就簡單完成。

檸檬蛋黃醬與藍莓蛋糕

Lemon Curd and Blueberry Layer Cake

檸檬蛋黃醬也是很常用於蛋糕內餡中的品項，
帶給人檸檬的香氣和滋味濃縮其中的美味。
這次搭配藍莓一起做成了多層次夾心蛋糕。
除了可以像這次的做法單獨使用檸檬蛋黃醬以外，
重疊塗抹在馬斯卡彭起司或打發鮮奶油上也很美味。
也很適合用覆盆莓這種水果。

材料／15×7.5cm 的蛋糕 1 個

蛋白蛋糕（參照 p.18）　1 個
檸檬蛋黃醬（p.11 参照）　1 份食譜
藍莓　100g

準備

- 按照步驟烤好蛋白蛋糕後放在網架上置涼。
- 準備一張鋪在蛋糕下方的稍厚的紙(15×7.5cm)。
- 清洗藍莓後擦乾水氣。

將蛋白蛋糕垂直切成一半，再薄薄地切下兩個長邊。如果蛋糕表面膨成圓頂狀的話要削平。

用矽膠刮刀將檸檬蛋黃醬攪拌至滑順。

在厚紙上放 1 片蛋糕，用蛋糕抹刀薄塗一層檸檬蛋黃醬，擺上一半份量的藍莓。

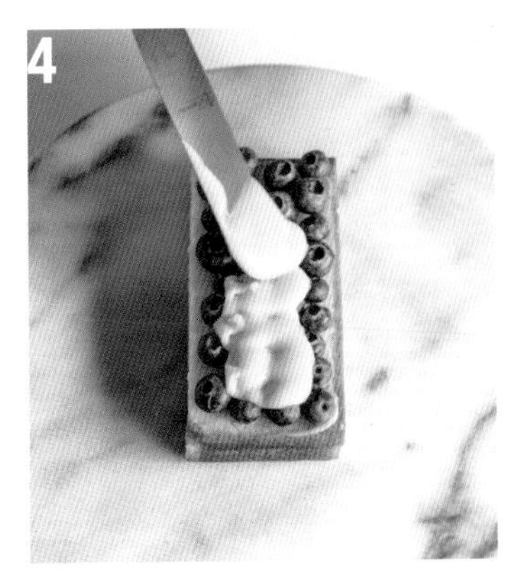

在藍莓的上方放剩下的一半份量的檸檬蛋黃醬，疊放另 1 片蛋糕，按照順序疊放剩下的檸檬蛋黃醬與剩下的藍莓。放在冰箱中冷卻之後再切。

餅乾 & 鮮奶油蛋糕

Cookies and Cream Cake

一提到餅乾 & 鮮奶油，
就會讓人想到拌入了香草奶油夾心的巧克力餅乾的冰淇淋口味。
以此為發想設計出的多層次夾心蛋糕在美國也很受歡迎，
不論在麵糊或糖霜中都拌入了餅乾製作。
不只可可蛋糕，蛋黃蛋糕也能用相同方式製作。

材料／15×7.5cm 的蛋糕 1 個

可可蛋糕（參照 p.22）　1 個蛋糕
OREO 餅乾　2 片
OREO 奶油乳酪糖霜
- 奶油乳酪糖霜（參照 p.10）　1 份食譜
- OREO 餅乾　2 片

OREO 餅乾　2½ 片

準備

•將烤箱預熱至 180℃ 。
•準備一張鋪在蛋糕下方的稍厚的紙 (15×7.5cm)。

按照步驟製作可可蛋糕。但在加粉類時 (p.24 作法步驟 **5**)，要加入切碎的 OREO 餅乾。

將可可蛋糕垂直切成一半，如果蛋糕表面膨成圓頂狀的話要削平。

製作 OREO 奶油乳酪糖霜。在奶油乳酪糖霜中加入切碎的 OREO 餅乾後，用矽膠刮刀攪拌均勻。

在厚紙上放 1 片蛋糕，用蛋糕抹刀抹開步驟 **4** 的一半份量的糖霜。

疊放另 1 片蛋糕。抹開剩下的糖霜，最後用切成一半的 OREO 餅乾做裝飾。

材料／15×7.5cm 的蛋糕 1 個

可可蛋糕（參照 p.22）　1 個
覆盆莓甘納許
- 鮮奶油　10g
- 覆盆莓泥　10g
- 白巧克力（板狀或方塊狀）　50g

巧克力奶油霜（參照 p.12）　1 份食譜
巧克力米　適量
覆盆莓　適量

準備

- 按照步驟烤好可可蛋糕後放在網架上置涼。
- 準備一張鋪在蛋糕下方的稍厚的紙 (15×7.5cm)。
- 清洗覆盆莓後擦乾水氣。

將可可蛋糕垂直切成一半，再薄薄地切下兩個長邊。如果蛋糕表面膨成圓頂狀的話要削平。使用前都冰在冷凍庫中。

製作覆盆莓甘納許。在小鍋中加入鮮奶油和覆盆莓泥後開中火，開始沸騰冒泡後，就倒入放了巧克力的調理盆中，用矽膠刮刀攪拌至滑順。

將步驟 **2** 的調理盆泡冰水並同時攪拌至濃稠狀。在厚紙上放 1 片步驟 **1** 的蛋糕，用矽膠刮刀抹開覆盆莓甘納許。

疊放另 1 片蛋糕後用保鮮膜包起，放在冰箱中稍微冷卻。可以在這段時間製作巧克力奶油霜。

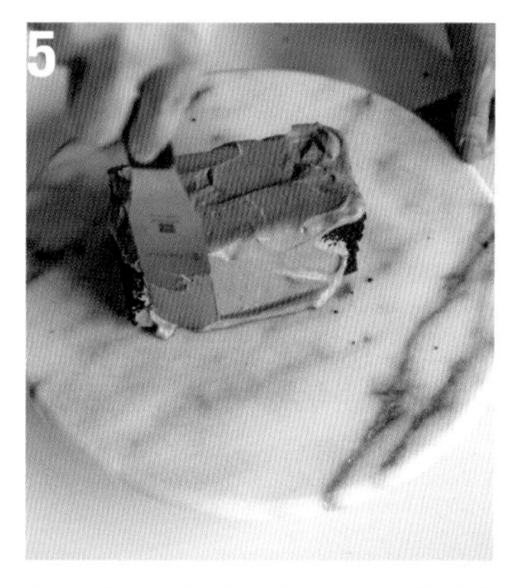

將步驟 **4** 的蛋糕放到檯面上，用蛋糕抹刀均勻塗抹巧克力奶油霜。

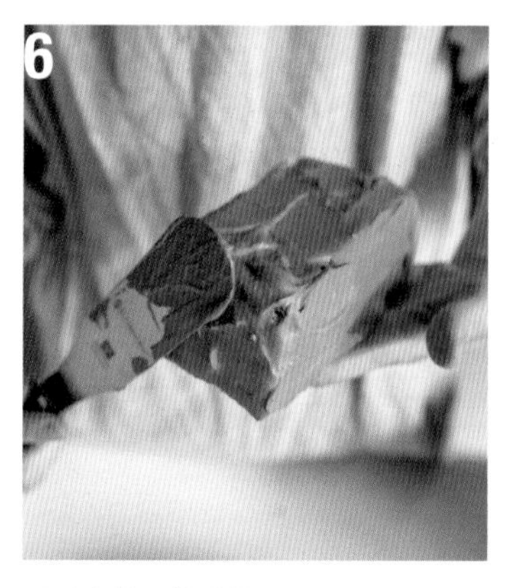

用手拿著蛋糕塗抹的話就能均勻地抹好側面。在接近底部的地方黏上巧克力米，表面則放上覆盆莓。放在冰箱中冷卻之後再切。

惡魔蛋糕

Devil's Food Cake

加入滿滿的可可粉、小蘇打粉並呈紅色的蛋糕，就叫做惡魔 =devil 的蛋糕，
也是用色素或甜菜根將麵糊染紅的「紅絲絨蛋糕」的原型。
在這款蛋糕的登場年代 1880 年代只要提到「巧克力蛋糕」，
就是指在蛋黃蛋糕上塗抹巧克力糖霜的蛋糕。
也有人說是為了與當時更受歡迎的純白的「天使蛋糕」對比，而被取名為惡魔蛋糕。

材料／15×7.5cm 的蛋糕 1 個

蛋白蛋糕（參照 p.18）　1 個
檸檬蛋黃醬（p.11 參照）　1 份食譜的 ½ 量
鮮奶油（（乳脂肪含量 40% 以上）　100g
粗砂糖　1 小匙
椰子絲或是椰蓉　45g

準備

・按照步驟烤好蛋白蛋糕後放在網架上置涼。
・準備一張鋪在蛋糕下方的稍厚的紙 (15×7.5cm)。

將蛋白蛋糕垂直切成一半，如果蛋糕表面膨成圓頂狀的話要削平。

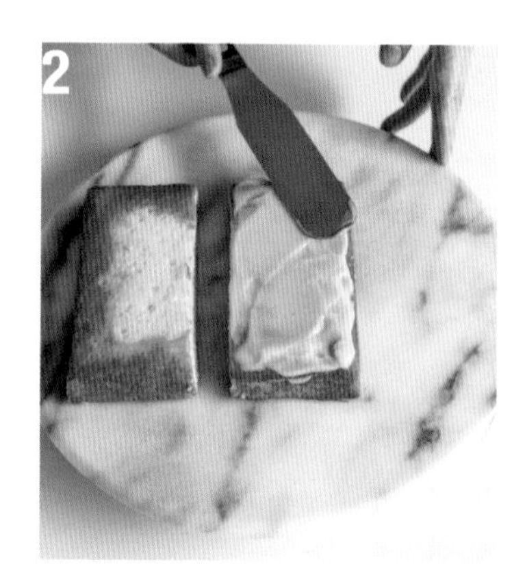

用矽膠刮刀將檸檬蛋黃醬攪拌至滑順。在厚紙上放 1 片蛋糕，塗抹檸檬蛋黃醬。

再疊放另 1 片蛋糕。

在泡了冰水的調理盆中加入鮮奶油和粗砂糖後打至 8 分發，用蛋糕抹刀均勻塗抹在蛋糕的表面和側面。

均勻沾滿大量的椰子絲或椰蓉。放在冰箱中冷卻之後再切。

椰子檸檬多層次夾心蛋糕

Coconut Layer Cake with Lemon Curd

將蛋白霜或奶油乳酪糖霜抹在蛋白蛋糕上，
再沾滿削好的椰子絲製作完成，是美國南部的蛋糕的變化款。
也有人說這款蛋糕的原型是經過夾起果凍或柑橘醬的「果凍蛋糕」風潮之後，
流行於 1860 年代用蛋白稀糖霜製作而成的「白山蛋糕」(White Mountain Cake)。

巧克力奶油霜與蛋黃生日蛋糕

Yellow Birthday Cake with Chocolate Frosting

生日蛋糕經典款就是蛋黃蛋糕搭配巧克力奶油霜。
現在所指的「巧克力蛋糕」與從前不同，
是指混合了可可粉與巧克力的蛋糕麵糊，
而從前大多代表在蛋黃蛋糕上抹巧克力糖霜，
目前也廣受人們的喜愛。

材料／ 15×7.5cm 的蛋糕 1 個

蛋黃蛋糕（參照 p.14）　1 個
巧克力奶油霜（參照 p.12）
　1 份食譜

準備

・按照步驟烤好蛋黃蛋糕後放在網架上置涼。
・準備一張鋪在蛋糕下方的稍厚的紙(15×7.5cm)。

將蛋黃蛋糕垂直切成一半，如果蛋糕表面膨成圓頂狀的話要削平。

在厚紙上放 1 片蛋糕，用矽膠刮刀抹開 ¼ 份量的巧克力奶油霜。

疊放另 1 片蛋糕並用保鮮膜包起，冰在冷凍庫中幾分鐘。

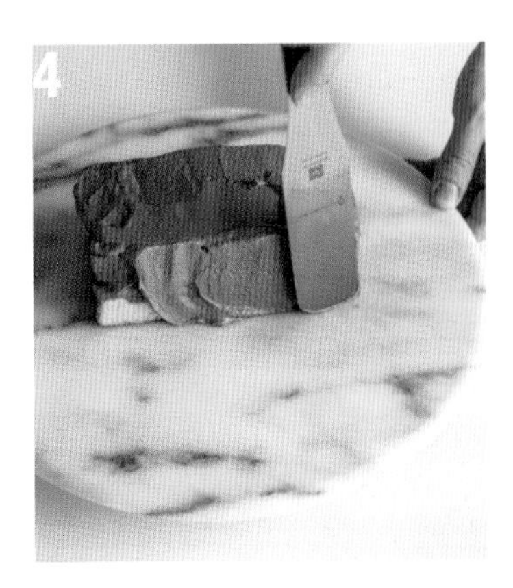

從冷凍庫取出步驟 **3**，用蛋糕抹刀均勻塗抹剩下的巧克力奶油霜。用手拿著蛋糕塗抹的話就能均勻地抹好側面。放在冰箱中冷卻之後再切。

波士頓奶油派

Boston Cream Pie

雖然名字裡有派，但其實是麻薩諸塞州波士頓城的有名蛋糕。
創始者是波士頓的帕克豪斯酒店（現為 Omni Parker House, Boston, Massachusetts, USA），
此外也有人說夾入果醬並灑上糖粉的蛋糕是從「華盛頓派」延伸變化而來。
因為從前使用了叫做華盛頓派派盤的烤模來烤蛋糕，
所以才在傳統的蛋糕中留下了「派」這個字。

材料／15×7.5cm 的蛋糕 1 個

蛋白蛋糕（參照 p.18）　1 個
卡士達奶油霜（參照 p.13）
　1 份食譜
巧克力甘納許
巧克力（可可脂含量 55 ～ 60%）
　35g
鮮奶油（乳脂肪含量 35 ～ 36%）
　35g

準備

- 按照步驟烤好蛋白蛋糕後放在網架上置涼。
- 準備一張鋪在蛋糕下方的稍厚的紙(15×7.5cm)。
- 如果用板狀巧克力的話可以直接使用，巧克力磚則要切碎。

將蛋白蛋糕垂直切成一半，再薄薄地切下兩個長邊。如果蛋糕表面膨成圓頂狀的話要削平。

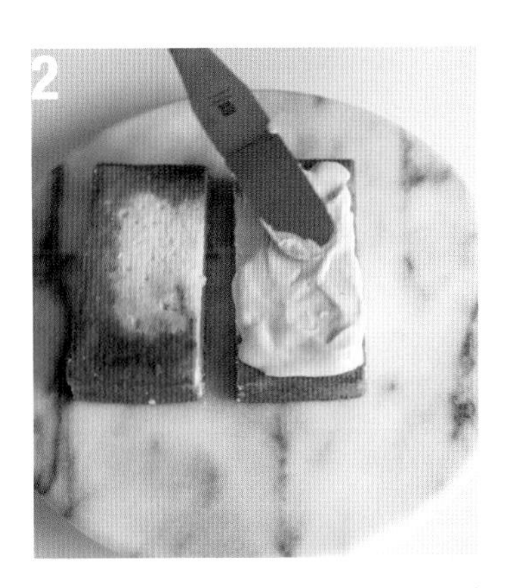

在厚紙上放 1 片蛋糕，放上用矽膠刮刀拌至滑順的卡士達奶油霜，用蛋糕抹刀抹開。疊放另 1 片蛋糕。

製作巧克力甘納許。在小鍋中加入鮮奶油後開中火，開始冒泡後，倒入加了巧克力的調理盆中。

用矽膠刮刀從中心處輕輕攪拌至滑順。

將巧克力甘納許輕輕淋在蛋糕的表面上。

最後用蛋糕抹刀一口氣快速抹平。請小心如果重複抹好幾次的話不好看。放在冰箱冷卻之後再切。

材料／15×7.5cm 的蛋糕 1 個

蛋白蛋糕（參照 p.18）　1 個蛋糕
巧克力米（彩色）　20g
奶油乳酪糖霜（參照 p.10）　1 份食譜
裝飾用巧克力米（彩色）　15g

準備

- 將烤箱預熱至 180℃。
- 準備一張鋪在蛋糕下方的稍厚的紙 (15×7.5cm)。

按照步驟製作蛋白蛋糕。但在製作麵糊的最後步驟 (p.20 作法步驟 **5**) 加入巧克力米。

將蛋白蛋糕垂直切成一半，如果蛋糕表面膨成圓頂狀的話要削平。

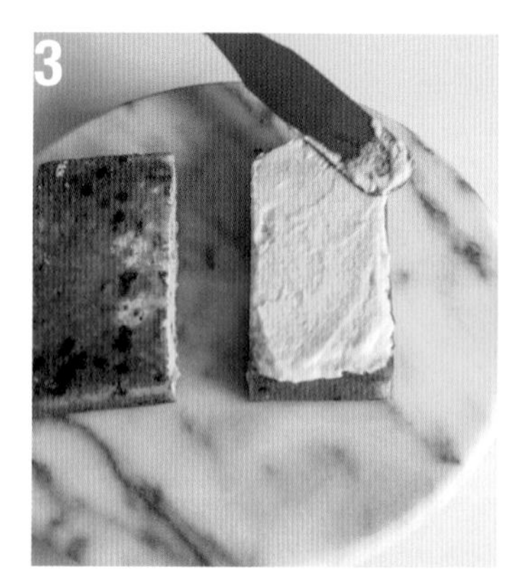

在厚紙上放 1 片蛋糕，用蛋糕抹刀抹開¼份量的奶油乳酪糖霜。

疊放另 1 片蛋糕並用保鮮膜包起，冰在冷凍庫中幾分鐘。

從冷凍庫中取出步驟 **4**，均勻塗抹剩下的奶油乳酪糖霜。沿著表面邊緣黏上巧克力米，接近底部的地方也要黏。放在冰箱中冷卻之後再切。

彩屑蛋糕
Confetti Cake

將巧克力米(彩色糖粒)混入麵糊當中的繽紛多層次夾心蛋糕。
由食品製造商 Pillsbury 公司在 1989 年設計取名的蛋糕，
Fun(開心)+Confetti(彩色紙屑 or 糖果)=Funfetti Cake，
不過 Funfetti 是 Pillsbury 公司的登記商標，所以一般會叫做 Confetti Cake。
不論華麗的外表或巧克力米的酥脆口感都充滿樂趣的蛋糕。

材料／約 5×5cm 的蛋糕 9 個份

蛋黃蛋糕（參照 p.14） 1 個
奶油乳酪 60g
鮮奶油（乳脂肪含量 35 ～ 36%）
1 大匙
覆盆莓果醬（市售） 40g
巧克力甘納許
- 巧克力（可可脂含量 55 ～ 60%）
160g
- 鮮奶油（乳脂肪含量 35 ～ 36%）
80g

椰子絲 100g

準備

- 按照步驟烤好蛋黃蛋糕後放在網架上置涼。
- 將奶油乳酪回復至室溫。
- 如果用板狀巧克力的話可以直接使用，巧克力磚則要切碎。
- 將椰子絲放入調理盤中。

將蛋黃蛋糕切成 9 等份的正方形，再各切成一半的厚度。在調理盆中加入奶油乳酪並用矽膠刮刀拌軟，倒入鮮奶油後攪拌至滑順。

在下面蛋糕的切口處分別放上步驟 **1** 的奶油乳酪，用蛋糕抹刀抹平後，再用湯匙往上放覆盆莓果醬。

疊起上面的蛋糕回復成原本的形狀，包上保鮮膜並放在調理盤中，在使用之前都放在冷凍庫中冷卻。

製作巧克力甘納許。在小鍋中倒入鮮奶油後開中火，開始冒泡後，倒入加了巧克力的調理盆中。用矽膠刮刀從中心處輕輕攪拌至滑順。

隔熱水加熱（小心不要沾到水氣）步驟 **4** 的甘納許，將 1 片蛋糕放在叉子上，用湯匙將甘納許均勻淋在蛋糕上。

均勻地沾滿大量椰子絲。剩下的蛋糕也用相同方式製作。放在冰箱中冷卻凝固。

當我住在雅加達的時候，每當拜訪同屬南半球的澳洲或紐西蘭，
烘焙坊或超級市場中總是擺放著林明頓蛋糕。
聽說取名緣由來自於曾任澳洲昆士蘭州總督的林明頓男爵。
將海綿蛋糕切成方塊狀、淋上巧克力稀糖霜後，
再沾滿當時不太使用於歐式蛋糕中的椰子絲。

林明頓蛋糕

Lamington

材料／15×7.5cm 的蛋糕 1 個

蛋白蛋糕（參照 p.18）　1 個
打發酸奶油
- 鮮奶油（乳脂肪含量 35 ～ 36%）　150 g
- 酸奶油　130g
- 粗砂糖　20g
- 檸檬汁　1 大匙

胡桃　30g
半乾無花果乾　30g
綜合葡萄乾　25g
珍珠糖　適量

準備

- 按照步驟烤好蛋白蛋糕後放在網架上置涼。
- 準備一張鋪在蛋糕下方的稍厚的紙（15×7.5cm）。
- 用 160℃ 的烤箱烘烤胡桃 8 分鐘左右，或是用平底鍋乾煎後，大略切碎。
- 將半乾無花果乾切成大塊，和葡萄乾一起泡熱水 5 分鐘左右軟化後，瀝乾水氣。

將蛋白蛋糕垂直切成一半，如果蛋糕表面膨成圓頂狀的話要削平，再將厚度切成一半。這樣會變成 4 片蛋糕。

製作打發酸奶油。在泡了冰水的調理盆中加入鮮奶油、酸奶油、粗砂糖、檸檬汁後用手持式攪拌機打發，打至 8 分發。

將 ⅓ 份量的步驟 **2** 加入另一個調理盆中，加入胡桃、無花果和葡萄乾後攪拌。

在厚紙上放 1 片蛋糕，用蛋糕抹刀塗抹 ⅓ 份量的步驟 **3**，放上第 2 片蛋糕。重複這個步驟做成 4 層蛋糕。這時候要讓長邊的剖面以烤面→切面→烤面→切面的順序交錯放置。

用蛋糕抹刀均勻塗抹剩下的打發酸奶油，側面也要塗抹。

用蛋糕抹刀做出波浪的造型，在接近底部的地方黏上珍珠糖。

巴爾的摩夫人蛋糕

Lady Baltimore Cake

源自於以南卡羅萊納州查爾斯頓城為舞台原型的小說《巴爾的摩夫人》(1906) 的蛋糕。
當時以「國王」冠名的蛋糕上會放水果、堅果和香料，
以「皇后」冠名的蛋糕則會加入酒、玫瑰水和香料，
而「夫人」則是指什麼都不加的蛋糕麵糊。
傳統上用瑞士蛋白霜（隔熱水加熱同時打發）製作，
但我這次使用酸奶油的奶油霜使口感更加清爽。

布魯克林停電蛋糕

Brooklyn Blackout Cake

在第二次世界大戰的燈火管制（為了讓敵方飛機看不清楚而限制燈光）訓練之下，
布魯克林的一間烘焙坊 Ebinger’s 推出了這款蛋糕並獲得喜愛，Blackout= 停電 / 燈火管制蛋糕。
將 1 片蛋糕打成碎屑後，灑滿在夾了巧克力布丁的蛋糕上製作完成。
傳統的布丁會用玉米澱粉增稠，但缺點在於容易結塊不均勻。
只要用豆腐取代就能輕鬆製作不怕失敗。

材料／15×7.5cm 的蛋糕 1 個

可可蛋糕（參照 p.22）　1 個

豆腐巧克力布丁

- 嫩豆腐　250g
- 巧克力（可可脂含量 60%）　90g
- 香草精　少許

準備

- 按照步驟烤好可可蛋糕後放在網架上置涼。
- 準備一張鋪在蛋糕下方的稍厚的紙（15×7.5cm）。
- 如果用板狀巧克力的話可以直接使用，巧克力磚則要切碎。
- 將豆腐切成一半，從熱水開始用小火汆燙約 5 分鐘再瀝乾水氣，放入鋪了 2 層廚房紙巾的篩網中，更換 2 次廚房紙巾並控水到約 230g 為止。因為要趁熱使用，所以在要開始做蛋糕前進行此步驟。

將可可蛋糕垂直切成一半，如果蛋糕表面膨成圓頂狀的話要削平，再將厚度切成一半。這樣會變成 4 片蛋糕。

將 4 片蛋糕中的其中 1 片與削掉的部分放入食物調理機中攪拌、打碎（碎屑）。或是放在孔洞大的篩網上，用湯匙的凸面過篩弄碎也可以。

製作豆腐巧克力布丁。將還很燙的豆腐放入手持式攪拌機的容器中攪拌。隔熱水加熱融化巧克力（小心不要沾到水氣），加入豆腐。

加入香草精，用手持式攪拌機打至滑順。

在厚紙上放 1 片蛋糕，用蛋糕抹刀塗抹¼份量的步驟 **4**，放上第 2 片的蛋糕。重複此步驟做成 3 層蛋糕。這時候要讓長邊的剖面以烤面→切面→烤面→切面的順序交錯放置。

均勻塗抹剩下的布丁，將步驟 **2** 的碎屑均勻灑滿整個蛋糕。放在冰箱中冷卻之後再切。

德式巧克力蛋糕

German Chocolate Cake

在使用了無糖煉乳的濃厚內餡中，加入椰子絲和胡桃後夾起來。
曾為美國一間巧克力公司的員工的日耳曼 (German) 先生，
在 1852 年構想並使用了「German’s Sweet Chocolate」這個名字，所以才被取名為德式巧克力蛋糕。
1957 年德克薩斯州的達拉斯晨報分享了這份食譜，引發了爆炸性的關注。
自此以後便成為美國的經典蛋糕。這次我不用巧克力而是使用可可粉，
最後灑上可可碎粒以增添風味。

材料／15×7.5cm 的蛋糕 1 個

可可蛋糕（參照 p.22） 1 個
蛋黃 2 顆
粗砂糖 70g
黑糖或蔗糖 20g
鹽 1 撮
無糖煉奶 140g
奶油（不含鹽） 35g
香草精 少許
椰子絲 65g
胡桃 65g
裝飾用
胡桃 5～6 顆
巧克力碎粒 適量

準備

- 按照步驟烤好可可蛋糕後放在網架上置涼。
- 準備一張鋪在蛋糕下方的稍厚的紙(15×7.5cm)。
- 將奶油回復至室溫。
- 用 160℃ 的烤箱烘烤胡桃 8 分鐘左右，或是用平底鍋乾煎，除了裝飾用胡桃外都大略切碎。

將可可蛋糕垂直切成一半，如果蛋糕表面膨成圓頂狀的話要削平，再將厚度切成一半。這樣就會變成 4 片蛋糕。

在小鍋中加入蛋黃、粗砂糖、黑糖和鹽後，立刻用迷你打蛋器攪拌，少量分次加入無糖煉乳同時攪拌在一起。

加入奶油和香草精後開小火，邊攪拌邊加熱 10 分鐘左右，等到快要沸騰冒泡時就離開火源。

在步驟 **3** 中加入椰子絲、胡桃，並攪拌均勻。鋪在調理盤上散熱。

在厚紙上放 1 片蛋糕，用蛋糕抹刀塗抹 ¼ 份量的步驟 **4**，放上第 2 片蛋糕。

重複此步驟做成 4 層蛋糕。這時候要讓長邊的剖面以烤面→切面→烤面→切面的順序交錯放置。最後放上胡桃和巧克力碎粒裝飾。放在冰箱中冷卻之後再切。

萊恩蛋糕

Lane Cake

在加了波本酒濃郁的內餡中，混合椰子絲、葡萄乾、胡桃後夾起。
這款蛋糕是阿拉巴馬州的萊恩先生在州博覽會（農產畜產品評會）中獲得第一名的蛋糕，
所以也叫做「Prize Cake= 得獎蛋糕」。
大部分的做法是在蛋糕上均勻覆蓋一層蛋白霜，但我會直接使用，
還有我喜歡配上加了一點波本酒的打發鮮奶油一起吃。

材料／15×7.5cm 的蛋糕 1 個

蛋白蛋糕（參照 p.18）　1 個
蛋黃　2 顆
粗砂糖　65g
鹽　1 撮
波本（威士忌）　65g
奶油（不含鹽）　30g
香草精　少許
椰子絲　35g
胡桃　40g
綜合葡萄乾　35g
蔓越莓乾　5～6 顆

準備

- 按照步驟烤好蛋白蛋糕後放在網架上置涼。
- 準備一張鋪在蛋糕下方的稍厚的紙(15×7.5cm)。
- 將奶油回復至室溫。
- 用 160℃ 的烤箱烘烤胡桃 8 分鐘左右，或是用平底鍋乾煎後，大略切碎。
- 將葡萄乾大略切碎。

將蛋白蛋糕垂直切成一半，如果蛋糕表面膨成圓頂狀的話要削平，再將厚度切成一半。這樣就會變成 4 片蛋糕。

在小鍋中加入蛋黃和粗砂糖後立刻用迷你打蛋器攪拌，再加入鹽，少量分次加入波本酒並同時攪拌。

加入奶油和香草精後開小火，邊攪拌邊加熱 10 分鐘左右，等到快要沸騰冒泡時就離開火源。

加入椰子絲、胡桃和葡萄乾後，攪拌均勻。鋪在調理盤上散熱。

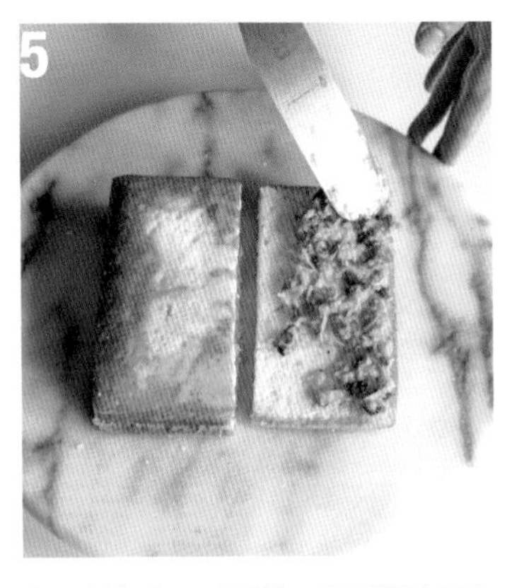

在厚紙上放 1 片蛋糕，用蛋糕抹刀塗抹 ¼ 份量的步驟 **4**，放上第 2 片蛋糕。

重複此步驟做成 4 層蛋糕。這時候要讓長邊的剖面以烤面→切面→烤面→切面的順序交錯放置。最後放蔓越莓乾裝飾。放在冰箱中冷卻之後再切。

材料／15×7.5cm 的蛋糕 1 個

蛋黃蛋糕（參照 p.14）　1 個
奶油乳酪　80g
鮮奶油（乳脂肪含量 35 ～ 36%）
　160g
黑糖　30g
葡萄乾　40g
杏仁片　80g
裝飾用帶梗葡萄乾　1 小串

準備

・按照步驟烤好蛋黃蛋糕後放在網架上置涼。
・準備一張鋪在蛋糕下方的稍厚的紙 (15×7.5cm)。
・用 160℃ 的烤箱烘烤杏仁片 8 分鐘左右，或是用平底鍋乾煎。
・將葡萄乾泡熱水 1 分鐘左右，用篩網撈起放涼，再用廚房紙巾擦乾水氣。
・將奶油乳酪回復至室溫。

將蛋黃蛋糕垂直切成一半，如果蛋糕表面膨成圓頂狀的話要削平，再將厚度切成一半。這樣就會變成 4 片蛋糕。

在調理盆中加入奶油乳酪攪拌。將另一個調理盆泡冰水，加入鮮奶油和黑糖後用手持式攪拌機打至 6 分發，加入 $\frac{1}{3}$ 份量的奶油乳酪後攪拌至滑順。

重新倒入鮮奶油的調理盆中並打至 8 分發。

在 $\frac{1}{3}$ 份量的步驟 **3** 中加入葡萄乾和杏仁 40g 後混合在一起。

在厚紙上放 1 片蛋糕，用蛋糕抹刀塗抹 $\frac{1}{3}$ 份量的步驟 **4**，放上第 2 片蛋糕。重複此步驟做成 4 層蛋糕。這時候要讓長邊的剖面以烤面→切面→烤面→切面的順序交錯放置。

用蛋糕抹刀在整個蛋糕上塗抹剩下的奶油霜，並做成波浪的造型。在接近底部的地方黏上剩下的杏仁，在表面裝飾葡萄乾。放在冰箱中冷卻之後再切。

葡萄乾與杏仁奶油乳酪蛋糕

Raisin Cake with Cream Cheese Frosting

用混合了葡萄乾和杏仁的奶油乳酪糖霜的優雅蛋糕。
使用比這款蛋糕多 10 倍份量的砂糖做焦糖奶油糖霜再做成的蛋糕，
一直被叫做明尼哈哈蛋糕，
就是以詩人亨利‧華茲華斯‧朗費羅的詩一海華沙之歌 (1855 年) 中登場的公主冠名。
現在也有人對這首詩中美洲原住民的描寫提出疑問，
在轉達歷史的過程中才看見的事物消失了。

材料／ 15×7.5cm 的蛋糕 1 個

蛋白蛋糕（參照 p.18）　1 個蛋糕

藍莓果凍

- 藍莓　90g
- 蜂蜜　15g
- 吉利丁粉　1.5g

藍莓

奶油乳酪糖霜

- 鮮奶油（乳脂肪含量 35 ～ 36%）80mℓ
- 粗砂糖　1 大匙
- 奶油乳酪　40g
- 藍莓　20g

藍莓　100g

糖粉　適量

準備

- 將烤箱預熱至 180℃。
- 準備一張鋪在蛋糕下方的稍厚的紙(15×7.5cm)。
- 清洗藍莓，把用於果凍和糖霜的藍莓用手持式攪拌機等工具打成泥。確認重量。
- 在小容器中加入水 2 小匙 (份量外)，灑入吉利丁粉浸泡。
- 將奶油乳酪回復至室溫。

按照步驟製作蛋白蛋糕。烤好之後要將蛋糕從烤模中取出，上下顛倒放在網架上，用粗的調理筷的尾端部分戳洞並深入至蛋糕⅔的深度。盡量不留空隙，戳大一點的洞。

製作藍莓的果凍。在小鍋中加入藍莓泥和蜂蜜後開中火，開始沸騰就關火，加入並溶解浸泡過的吉利丁。泡著冰水直到變濃稠為止。

用湯匙舀起步驟 **2** 加入步驟 **1** 的蛋糕洞中，用調理筷壓入果凍，再繼續加入剩下的步驟 **2**，表面也要薄塗一層果凍。放在冰箱中 1 個小時左右冷卻凝固。

製作糖霜。在調理盆中加入鮮奶油和粗砂糖後，邊泡冰水邊用手持式攪拌機打至 6 分發，加到攪拌好的 ⅓ 份量的奶油乳酪中混合在一起，再倒回調理盆。

再次打到 6 分發，加入藍莓泥後打至 8 分發。

切掉步驟 **3** 的四邊後垂直切成一半。在厚紙上放 1 片蛋糕，塗抹一半份量的步驟 **5** 後擺上藍莓。疊放另 1 片蛋糕，塗抹剩下的步驟 **5**，裝飾藍莓，用濾茶器灑上糖粉。

藍莓戳洞多層次夾心蛋糕

Blueberry Poke Layer Cake

在蛋糕的表面均勻地插入棍子 (=Poke) 並戳洞，再倒入果凍液的戳洞蛋糕。
1976 年這款獨特的蛋糕被刊登在美國的綜合果凍代名詞－Jell-O 的宣傳冊上，
引起了當時人們的興趣，此後便廣受喜愛。
如果像這次的做法一樣在果凍液變濃稠之後再倒入，蛋糕就不會過濕，
趁熱倒入果凍液液體就會滲入蛋糕之中且濕潤。請依自己的喜好試看看。

芒果多層次夾心蛋糕

Mango Layer Cake

為了能凸顯鮮豔的芒果色與海綿蛋糕的可可色兩者的對比，
所以不塗抹鮮奶油在成品的側面上。
想要大口享用芒果風味時，建議在側面也抹上大量的鮮奶油。
這樣的話需要製作 1.5 倍份量的芒果打發鮮奶油。

材料／15×7.5cm 的蛋糕 1 個

可可蛋糕（參照 p.22） 1 個

芒果白巧克力甘納許

- 芒果泥（市售） 30g
- 白巧克力（塊狀或方塊狀） 60g
- 奶油（不含鹽） ½ 小匙

芒果打發鮮奶油

- 鮮奶油（乳脂肪含量 40%左右） 80g
- 粗砂糖 10g
- 芒果泥（市售） 30g

芒果 約 1 顆

準備

- 按照步驟烤好可可蛋糕後放在網架上置涼。
- 準備一張鋪在蛋糕下方的稍厚的紙（15×7.5cm）。
- 將奶油回復至室温。
- 將芒果削皮去籽，再切成容易入口的大小。

將可可蛋糕垂直切成一半，如果蛋糕表面膨成圓頂狀的話要削平。在使用之前都包上保鮮膜並放在冷凍庫中冷卻。

製作芒果白巧克力甘納許。將芒果泥加入調理盆後隔熱水加熱，加入白巧克力。用矽膠刮刀輕輕攪拌，融化之後加入奶油攪拌。

將步驟 **2** 泡冰水使其變濃稠，抹在步驟 **1** 的 1 片蛋糕上，疊放另 1 片蛋糕。

再次包起保鮮膜，在使用前都放在冷凍庫中冷卻。

製作芒果打發鮮奶油。在泡好冰水的調理盆中加入鮮奶油和粗砂糖，用手持式攪拌機打至 6 分發，再加入芒果泥打至 8 分發。

將步驟 **4** 的蛋糕放在厚紙上，抹上芒果打發鮮奶油，再放芒果。

「羅伯特·E·李」蛋糕

Robert E. Lee Cake

以南北戰爭（1861 ～ 1865 年）時擔任南軍邦聯總司令的名將—羅伯特·愛德華·李將軍之名命名，是一款美國南部的蛋糕。
雖然有很多不同的種類，但只要同時使用了李將軍喜歡的柳橙和檸檬，
就會變得像羅伯特·E· 李蛋糕的感覺。
這裡我將檸檬皮加入麵糊中烤，夾入柳橙柑橘醬，並抹上了柑橘奶油霜。

材料／15×7.5cm 的蛋糕 1 個

蛋白蛋糕（參照 p.18） 1 個蛋糕
檸檬皮刨成絲 1 顆份量
柑橘醬起司奶油霜
- 奶油乳酪糖霜（參照 p.10） 1 份食譜
- 柳橙柑橘醬（市售） 30g

柳橙柑橘醬（市售） 40g
冷凍柳橙乾、檸檬乾（切片款） 各適量

準備

- 將烤箱預熱至 180℃。
- 準備一張鋪在蛋糕下方的稍厚的紙（15×7.5cm）。

1 按照步驟製作蛋白蛋糕。但在製作麵糊的最後步驟 (p.20 作法步驟 **5**) 加入檸檬皮刨絲。

2 將蛋白蛋糕垂直切成一半，如果蛋糕表面膨成圓頂狀的話要削平。

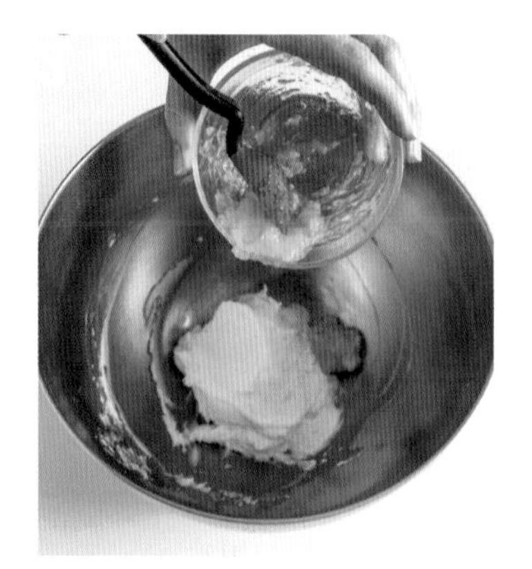

3 製作柑橘起司奶油霜。在奶油乳酪糖霜中加入柳橙柑橘醬並攪拌。

4 在厚紙上放 1 片蛋糕，用蛋糕抹刀薄塗一層柳橙柑橘醬，再疊放另 1 片蛋糕。

5 均勻抹上柑橘起司奶油霜，側面也要抹得漂亮。裝飾冷凍柳橙乾與檸檬乾。放在冰箱中冷卻之後再切。

材料／15×7.5cm 的蛋糕 1 個

蛋黃蛋糕（參照 p.14）　1 個蛋糕
胡桃　50g
糖霜
- 奶油乳酪糖霜　　1 份食譜
- 胡桃　50g
- 冷凍乾燥覆盆莓粉　　6g

準備

- 將烤箱預熱至 180℃。
- 準備一張鋪在蛋糕下方的稍厚的紙（15×7.5cm）。
- 用 160℃ 的烤箱烘烤胡桃 8 分鐘左右，或是用平底鍋乾煎後，大略切碎。

按照步驟製作蛋黃蛋糕。但在製作麵糊的最後步驟 (p.16 作法步驟 **6**)，分出約 120g 的麵糊加入胡桃。將兩種麵糊分別倒入烤模中鋪平。

將步驟 **1** 放在烤盤上，用 180℃ 的烤箱烤約 18 分鐘後冷卻。分開垂直切成一半，如果表面膨成圓頂狀的話要削平。

分出約 50g 的奶油乳酪糖霜後加入胡桃攪拌在一起，在剩下的糖霜中加入冷凍覆盆莓乾粉並攪拌均勻。

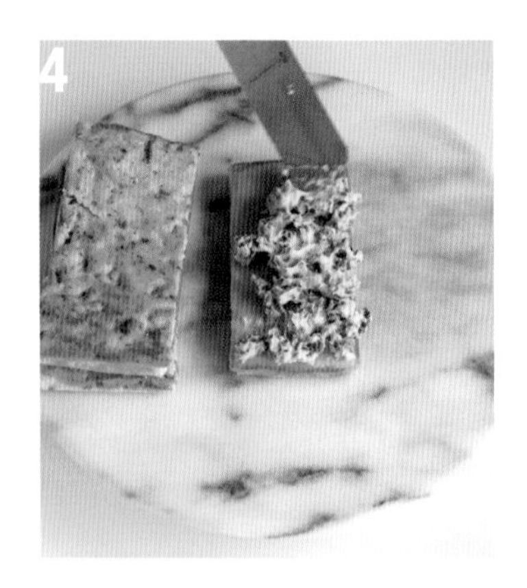

在厚紙上放 1 片原味的蛋糕，用蛋糕抹刀抹上胡桃糖霜。

在步驟 **4** 上疊放 1 片胡桃口味蛋糕，抹上覆盆莓糖霜。重複步驟 **4** 和 **5** 疊成 4 層蛋糕。這時候要讓長邊的剖面以烤面→切面→烤面→切面的順序交錯放置。

用蛋糕抹刀在表面做出波浪的造型。放在冰箱中冷卻之後再切。

覆盆莓奶油蛋糕

Raspberry Cream Cake

使用兩個相同的烤模，烤出 2 片原味的蛋黃蛋糕與胡桃味的蛋糕。
將蛋糕切成一半，再交錯疊上胡桃、覆盆莓的雙色糖霜後，
做成香氣濃郁的多層次夾心蛋糕。
我偶爾會使用加了胡桃與椰子絲的麵糊，
當成美國南部的「義式奶油蛋糕」變化款來享用，是我很喜歡的一款蛋糕。

PROFILE

原 亞樹子（Hara Akiko）

甜點文化研究家。高中時前往美國留學，畢業後進入東京外語大學學習以飲食為主題的文化人類學。以國家公務員的身分任職於日本特許廳後，轉換跑道成為甜點文化研究家。著有《美國鄉土糕點》（暫譯，PARCO出版）、《美式餅乾》（暫譯，誠文堂新光社）等書，其他關於美國飲食的著作良多。

参考資料

☆Abby Fisher. What Mrs. Fisher Knows About Old Southern Cooking: Soups, Pickles, Preserves, Etc.(1881). Kessinger Publishing, 2010. p30-31
☆Andrew F. Smith（編集）. The Oxford Companion to American Food and Drink. Oxford Univ Pr. on Demand; Illustrated版, 2009. p135-136, p188-189
☆Darra Goldstein. Michael Krondl. Ursula Heinzelmann. Laura Mason. Eric C. Rath（編集）. The Oxford Companion to Sugar and Sweets. Oxford Univ Pr; Illustrated版, 2015. p34, p69-70, p166, p179, p200, p325, p395-396, p550, p649, p740-741
☆Eliza Leslie. Seventy-Five Receipts for Pastry, Cakes, and Sweetmeats (American Antiquarian Cookbook Collection). Andrews McMeel Publishing, LLC, 2013. p71-72
☆Jean Anderson. The American Century Cookbook: The Most Popular Recipes of the 20th Century. Gramercy, 2005. p423-424, p454
☆Julie Schoen, Little Pearl. A Slice of American History: The Best Cake Recipes from America's Sweet Past. Little Pearl Publishing, 2013. p32-33, p61-67, p95
☆L. M. Montgomery. Anne of Green Gables. PUFFIN BOOKS, 1977. p141-149
☆原亜樹子（2014）『アメリカ郷土菓子』

TITLE

甜點文化家的烘焙筆記

STAFF

出版　瑞昇文化事業股份有限公司
作者　原 亞樹子
譯者　涂雪靖

創辦人／董事長　駱東墻
CEO／行銷　陳冠偉
總編輯　郭湘齡
責任編輯　張聿雯
文字編輯　徐承義
美術編輯　許菩真
國際版權　駱念德・張聿雯

排版　曾兆珩
製版　明宏彩色照相製版有限公司
印刷　桂林彩色印刷股份有限公司

法律顧問　立勤國際法律事務所　黃沛聲律師
戶名　瑞昇文化事業股份有限公司
劃撥帳號　19598343
地址　新北市中和區景平路464巷2弄1-4號
電話　(02)2945-3191
傳真　(02)2945-3190
網址　www.rising-books.com.tw
Mail　deepblue@rising-books.com.tw

初版日期　2023年4月
定價　380元

ORIGINAL JAPANESE EDITION STAFF

調理アシスタント　青木昌美

デザイン　遠矢良一（Armchair Travel）
撮影　竹内章雄
スタイリング　池水陽子
編集　松原京子
プリンティングディレクター　栗原哲朗（図書印刷）

國家圖書館出版品預行編目資料

甜點文化家的烘焙筆記/原亞樹子作；涂雪靖譯. -- 初版. -- 新北市：瑞昇文化事業股份有限公司, 2023.04
112面；19X25.7公分
ISBN 978-986-401-619-8(平裝)

1.CST: 點心食譜

427.16　　112003076